用于国家职业技能鉴定

YONGYU GUOJIA ZHIYE JINENG JIANDING

国家职业资格培训教程

GUOJIA ZHIYE ZIGE PEIXUN JIAOCHENG

焊工

（高级）

第2版

编审委员会

主　任　刘　康

副主任　张亚男

委　员　孙戈力　高鲁民　史文山　陈　蕾　张　伟

编审人员

主　编　王希杰　丁文花

副主编　汤日明　乔　虎

编　者　李世效　周一杰　陈　祥　丛艳敏　陈兆坤

万晓东　宋世强　柳长柏　姜奎书　姜雪峰

李国珍　李志信　穆　琳　迮传柱

主　审　汤日光

中国劳动社会保障出版社

图书在版编目(CIP)数据

焊工：高级/中国就业培训技术指导中心组织编写. —2 版. —北京：中国劳动社会保障出版社，2013

国家职业资格培训教程

ISBN 978-7-5167-0443-1

Ⅰ.①焊…　Ⅱ.①中…　Ⅲ.①焊接-技术培训-教材　Ⅳ.①TG4

中国版本图书馆 CIP 数据核字(2013)第 227512 号

中国劳动社会保障出版社出版发行

（北京市惠新东街1号　邮政编码：100029）

*

北京市艺辉印刷有限公司印刷装订　新华书店经销

787毫米×1092毫米　16开本　12.75印张　222千字

2013年12月第2版　2021年6月第11次印刷

定价：29.00元

读者服务部电话：(010) 64929211/84209101/64921644

营销中心电话：(010) 64962347

出版社网址：http://www.class.com.cn

前　言

为推动焊工职业培训和职业技能鉴定工作的开展，在焊工从业人员中推行国家职业资格证书制度，中国就业培训技术指导中心在完成《国家职业技能标准·焊工》（2009年修订）（以下简称《标准》）制定工作的基础上，组织参加《标准》编写和审定的专家及其他有关专家，编写了焊工国家职业资格培训系列教程（第2版）。

焊工国家职业资格培训系列教程（第2版）紧贴《标准》要求，内容上体现“以职业活动为导向、以职业能力为核心”的指导思想，突出职业资格培训特色；结构上针对焊工职业活动领域，按照职业功能模块分级别编写。

焊工国家职业资格培训系列教程（第2版）共包括《焊工（基础知识）》《焊工（初级）》《焊工（中级）》《焊工（高级）》《焊工（技师　高级技师）》5本。《焊工（基础知识）》内容涵盖《标准》的“基本要求”，是各级别焊工均需掌握的基础知识；其他各级别教程的章对应于《标准》的“职业功能”，节对应于《标准》的“工作内容”，节中阐述的内容对应于《标准》的“技能要求”和“相关知识”。

本书是焊工国家职业资格培训系列教程中的一本，适用于对高级焊工的职业资格培训，是国家职业技能鉴定推荐辅导用书，也是高级焊工职业技能鉴定国家题库命题的直接依据。

本书在编写过程中得到中国石油天然气第七建设公司青岛培训中心、山东省安装工程技校、胜利油田胜利石油化工建设有限责任公司、济南锅炉集团有限公司、山东威德焊接技术培训学校等单位的大力支持与协助，在此一并表示衷心的感谢。

中国就业培训技术指导中心

目　录

CONTENTS　国家职业资格培训教程

第1章 焊条电弧焊

第1节 焊条电弧焊知识

学习单元1 焊条电弧焊熔滴过渡的类型及影响因素

学习目标

➢ 熟悉焊条电弧焊熔滴过渡的类型及影响因素。

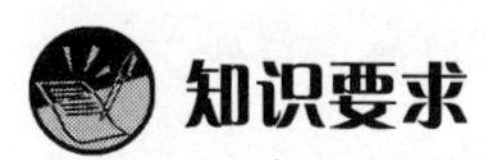

知识要求

焊条电弧焊时，焊条端部在电弧作用下被强烈加热而熔化，熔化后的金属呈液态熔滴形式过渡到熔池中，所谓熔滴过渡是指熔滴通过电弧空间向熔池转移的过程。

熔滴过渡对于焊接过程的稳定性、焊缝成形、飞溅及焊接接头的质量有很大的影响。焊条电弧焊熔滴过渡的形式有滴状过渡、短路过渡和渣壁过渡三种。这是由于作用于液态金属熔滴上的外力不同的缘故。因此，了解焊条电弧焊熔滴过渡时所受的力及其影响因素，对于掌握焊条电弧焊焊接工艺是很重要的。

一、熔滴过渡的作用力及影响因素

焊条电弧焊时，影响熔滴过渡的作用力大致可以分为三类。

第一类属促进熔滴过渡的作用力，如电弧吹力、电磁收缩力。

第二类属阻碍熔滴过渡的作用力，如斑点压力。

第三类是按焊接条件而变化的作用力，即有时促进熔滴过渡，有时则阻碍熔滴过渡，如重力、表面张力。

1. 熔滴重力

熔滴本身的重力促使熔滴垂直下落脱离焊条端部。平焊时，金属熔滴重力有利于熔滴过渡到熔池中。但在立焊、仰焊和横焊时，熔滴重力阻碍熔滴顺利向熔池过渡，成为阻碍力。

2. 表面张力

液态金属像其他液体一样，在没有外力作用时，其表面积会尽量缩小而呈现出的现象叫表面张力。焊接时液态金属在表面张力作用下会成为球滴状，悬挂在焊条末端，当弧长较短时，一直维持到与熔池表面接触，当熔滴落入熔池后，表面张力促使液态金属熔滴连成一体。平焊时表面张力对熔滴过渡不利。而在仰焊等其他位置焊接时，表面张力可以克服重力影响而使熔滴和熔池中的液态金属不易滴落，同时当熔滴与熔池接触时将熔滴拉入熔池，这都有利于熔滴过渡。

3. 电磁收缩力

焊接时，焊条端部的液体熔滴被看作是由许多载流导体组成的，按电磁效应原理，熔滴上受到由四周向中心的径向电磁力，称为电磁收缩力。电磁收缩力使焊条端部液态金属横截面具有缩小倾向，熔滴很快形成。在熔滴细颈部分，电流密度很大，电磁收缩力随之增强，促使熔滴很快地脱离焊条端部向熔池过渡。显然，电磁收缩力对于任何空间位置的焊缝都有助于熔滴顺利过渡到熔池。

4. 斑点压力

由于电弧中电场作用，电弧中带电粒子撞击在两极的斑点上，便产生机械压力，这个力称为斑点压力。直流正接时，电场正离子撞击在焊条端部阻碍熔滴过渡。而反接时，阻碍熔滴过渡的是电子的压力。由于正离子比电子质量大，正离子产生的压力要比电子的压力大。反接时容易产生细颗粒过渡，而正接时则不容易。

5. 等离子流力

焊接电弧呈锥形，使电磁收缩力在电弧各处的分布是不均匀的，具有一定的压力梯度，靠近焊条处的压力大，靠近工件处的压力小，形成压力差，使电弧产生指向工件的轴向推力。由于该力的作用，造成从焊条端部向工件的气体流动，形成等离子流力，促使熔滴过渡。

6. 电弧吹力

焊条末端在电弧作用下，焊条药皮熔化稍微落后于焊芯的熔化，致使焊条末端形成一个“喇叭”形套筒，如图 1—1 所示。药皮熔化时造气剂分解出的气体及焊芯碳元素氧化产生的 CO 气体，因高温加热而急剧膨胀，在套筒内形成一股气流冲出，不论何种焊缝位置，这种气流都有利于熔滴金属的过渡。

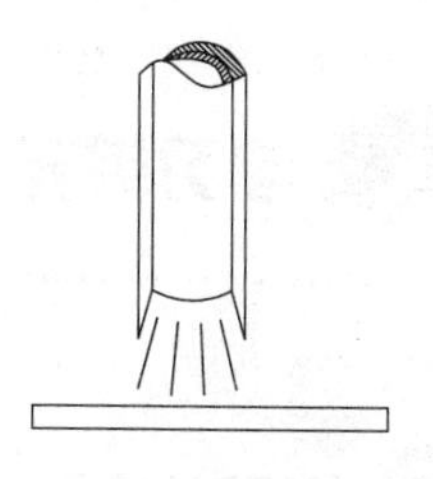

图 1—1　焊条末端套筒

二、焊条电弧焊熔滴过渡形式

焊接过程中，焊条端部因受电弧加热，熔化成熔滴过渡到焊件上。按熔滴的过渡形式不同可分为短路过渡、滴状过渡和渣壁过渡三种。熔滴过渡形式影响电弧的稳定，而且对焊缝成形和冶金过程也有很大影响。

1. 短路过渡

当用较小的焊接电流、较低的电弧电压焊接时，由于电弧很短，焊条连续向熔池送进，所以熔滴长大到一定程度时，就与熔池接触，形成短路，这时短路电流产生较大的电磁收缩力及熔池表面张力，使熔滴迅速过渡到熔池，电弧重新引燃。如此不断重复这一过程，就形成稳定的短路过渡过程。短路过渡的特点是电弧稳定，飞溅较小。

在短路过渡焊接过程中，短路电流上升速度及短路电流峰值的大小，对焊接过程稳定性有很大影响，因而对焊接电源不仅要求有合适的静特性，而且要求有合适的动特性。

2. 滴状过渡

当采用较大的焊接电流和较高的电弧电压焊接时，熔滴以颗粒状过渡，这时熔滴的尺寸取决于表面张力和熔滴重力的大小。这种过渡形式主要借助于熔滴自身重力落入熔池，不发生短路。

滴状过渡可分为粗滴过渡和细滴过渡两种。粗滴过渡一般呈大颗粒状过渡，飞溅大，电弧不稳定，焊缝表面粗糙，生产中不宜采用。细滴过渡一般采用较大的焊接电流，作用在熔滴上的电磁收缩力增加，这时重力不再起决定作用，熔滴尺寸逐渐变小，过渡频率增高，飞溅减小，电弧稳定，焊缝成形好。

3. 渣壁过渡（或称附壁过渡）

渣壁过渡是指熔滴沿着焊条套筒壁向熔池过渡的一种过渡形式。其特点是熔滴颗粒细小，焊芯端部可以同时存在两个甚至三个熔滴。具有这种过渡形式的焊条，焊接工艺性能良好，电弧稳定、飞溅小、焊缝表面成形美观。

学习单元2 焊条电弧焊常用的操作工艺

学习目标

➢ 掌握焊条电弧焊常用的操作方法。

知识要求

一、焊条电弧焊的打底焊常用操作工艺

1. 灭弧法

灭弧法是利用电弧周期性的燃弧—灭弧过程，使母材坡口的钝边金属有规律地熔化成一定尺寸的熔孔，在电弧作用于正面熔池的同时，使1/3～2/3的电弧穿过熔孔而形成背面焊缝，灭弧焊有三种操作方法。

（1）一点击穿法

电弧同时在坡口两侧燃烧，两侧钝边金属同时熔化形成熔孔，然后迅速灭弧，在熔池将要凝固时，又在灭弧处引燃电弧，周而复始重复进行，如图1—2a所示。

（2）两点击穿法

电弧分别在坡口两侧交替引燃，即左（右）侧钝边处给一滴熔化金属，右（左）侧钝边处给一滴熔化金属，如此依次进行，如图1—2b所示。

（3）三点击穿法

电弧引燃后，左（右）侧钝边处给一滴熔化金属，右（左）侧钝边处给一滴熔化金属，然后再在中间间隙处给一滴熔化金属，依次循环进行，如图1—2c所示。

灭弧操作要领：打底层灭弧焊接操作时，要做到“一看、二听、三准、四短”。

一看：要认真观察熔池的形状和熔孔的大小，在焊接过程中注意分清熔渣和液态金属。熔池中的液态金属在保护镜下明亮、清晰，而熔渣是黑色的。

二听：焊接过程中，电弧击穿焊件坡口根部时，会发出“噗噗”的声音，

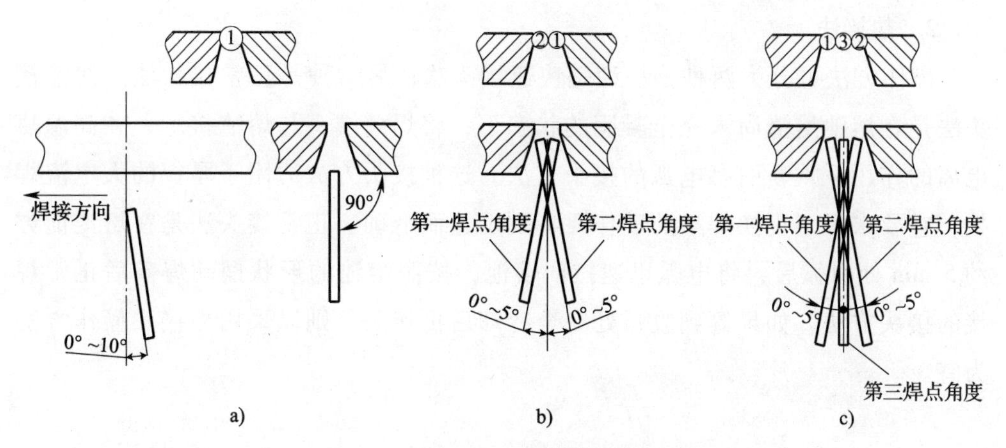

图 1—2　灭弧法打底焊接的操作方法

a）一点击穿法　b）二点击穿法　c）三点击穿法

这表明焊缝熔透良好，没有这种声音时，表明坡口根部没有被电弧击穿，如果继续向前进行焊接时，则会造成未焊透缺陷。

三准：焊接过程中，要准确掌握好熔孔形成的尺寸。

四短：灭弧与重新引燃电弧的时间要短。

灭弧焊的收弧：在更换焊条收弧时，应将焊条向上顶压，使熔池前方的熔孔稍微扩大些，同时要提高燃弧、灭弧的频率以填满弧坑，使熔池缓冷而饱满，防止产生缩孔和火口裂纹，为下根焊条的引弧打下良好的接头基础。

2. 连弧法

连弧法在电弧引燃后，焊接过程中电弧连续燃烧，始终保持短弧连续施焊，直至更换焊条时才熄灭电弧。由于连弧焊时，熔池始终处在电弧连续燃烧的保护下，所以焊缝不易产生缺陷，焊缝的力学性能也较好。碱性焊条多采用连弧焊操作方法焊接。

二、焊条电弧焊焊缝接头方法

焊缝接头方法有冷接和热接两种。

1. 冷接法

在施焊前，应使用砂轮机或机械方法将焊缝被连接处打磨出斜坡形过渡带，在接头前方约 10 mm 处引弧，电弧引燃后稍微拉长一些，然后移到接头处稍作停留，待形成熔池后再继续向前焊接。用这种方法可以使接头得到必要的预热，保证熔池中的气体逸出，防止在接头处产生气孔。收弧时要在弧坑填满后，慢慢地将焊条拉向弧坑一侧熄弧。

2. 热接法

操作方法可分为两种：一种是快速接头法；另一种是正常接头法。快速接头法是在熔池熔渣尚未完全凝固的状态下，将焊条端头与熔渣接触，在高温热电离的作用下重新引燃电弧的接头方法。这种接头方法适用于厚板的大电流焊接，它要求焊工更换焊条的动作要特别迅速而准确。正常接头法是在熔池前方约 5 mm 处引弧后，将电弧迅速拉回熔池，按照熔池的形状摆动焊条后正常焊接的接头方法。如果等到收弧处完全冷却后再接头，则以采用冷接头操作方法为宜。

学习单元 3　焊接质量检验

学习目标

➢ 了解焊条电弧焊焊接接头外观检验的项目。

知识要求

一、焊接质量检验的目的

焊接质量检验是对焊接过程及其产品的一种或多种特性进行测量、检查、试验，并将这些特性与标准或设计的要求进行比较以确定其符合性的活动。它主要通过对焊接接头或整体结构的检验，发现焊缝和热影响区的各种缺陷，以便做出相应处理，评价产品质量、性能是否达到设计标准及有关规程的要求，以确保产品能安全运行。

焊接检验一般包括焊前检验、焊接过程中检验和成品检验。

1. 焊前检验

焊前检验是焊接检验的第一阶段，包括检验焊接产品图样和焊接工艺规程等技术文件是否齐全，焊接构件金属和焊接材料的型号及材质是否符合设计或规定的要求，构件装配和坡口加工的质量是否符合图样要求，焊接设备及辅助工具是否完善，焊接材料是否按照工艺要求进行去锈、烘干等准备，以及焊工操作水平的鉴定等。

2. 焊接过程中检验

焊接过程中的检验是检验的第二阶段，包括检验在焊接过程中焊接参数是否正确，焊接设备运行是否正常，焊接夹具夹紧是否牢固，在操作过程中可能出现的焊接缺陷等。焊接过程中检验主要在整个操作过程中完成。

3. 成品检验

成品检验是焊接检验的最后阶段，当全部焊接工作完毕后，将焊缝清理干净，即着手进行成品检验。成品检验主要是对焊缝缺陷的检验。通常所指的焊接检验主要是针对成品检验来说的。

二、外观检验的项目

外观检查是一种常用的、简单的检验方法，以肉眼观察为主，必要时借助样板、焊接检验尺或低倍放大镜等对焊缝外观尺寸、表面缺陷和焊缝成形进行检查。

通过焊缝外观检查可以发现焊缝尺寸不符合要求、咬边、错边、焊瘤、弧坑、烧穿、裂纹、表面气孔等焊接缺陷。在多层焊时，应重视根部焊道的外观质量。因为根部焊道最先施焊，散热快，而且还承受着随后各层焊接时所引起的横向拉应力，最易产生根部裂纹、未焊透、气孔、夹渣等缺陷；对低合金高强度钢焊接接头宜进行两次检查，一次在焊后即检查，另一次隔 15 ~ 30 天后再检查，看是否产生延迟裂纹；对含 Cr、Ni 和 V 元素的高强度钢或耐热钢若需作消除应力热处理，处理后也要观察是否产生再热裂纹。

焊接接头外部出现缺陷，通常是产生内部缺陷的标志，需待内部检测后再最后评定。

三、焊缝缺陷及防止措施

焊缝外观缺陷有焊缝外形尺寸不符合要求、焊接裂纹、气孔、夹渣、咬边、焊瘤、烧穿、凹坑、未焊透、未熔合等。

1. 焊缝外形尺寸不符合要求

焊缝外形尺寸包括焊缝余高、焊缝宽度、焊缝边缘直线度、角变形及错边量等。

（1）产生原因

1）焊件坡口角度不对，装配质量不好。

2）焊接速度不当或运条手法不正确。

3）焊条角度选择不当或改变。

4）焊工操作技术不熟练。

（2）防止措施

1）组对时要检查坡口角度是否符合要求，组对间隙要均匀，试件的错边量不得大于10%*T*（*T*为板厚），且不大于2 mm。

2）选择合适的焊接速度和正确的运条手法。

3）正确选择焊条角度并在仰焊过程中始终保持不变。

2. 焊接裂纹

在焊接应力及其他致脆因素共同作用下，焊接接头中局部区域的金属原子结合力遭到破坏而形成新界面所产生的缝隙，称为焊接裂纹。

如果在收弧时未填满弧坑，则在弧坑处就容易产生裂纹。焊缝冷却速度过快，也会出现裂纹，特别是厚度大、刚性大、高强度的低碳钢和低合金钢容易出现。因此，仰焊过程中收弧要填满弧坑，以避免弧坑裂纹。焊后要注意控制焊缝的冷却速度，避免由于焊缝冷却过快而产生裂纹。

3. 气孔

焊接时熔池中的气泡在凝固时未能逸出而残存下来所形成的空穴称为气孔。气孔可分为密集气孔、条虫状气孔和针状气孔等。

（1）产生原因

1）焊条受潮或未按要求进行烘干，如焊条药皮开裂、脱落、变质等。

2）焊件坡口的油、锈、水分未清理干净。

3）焊接参数选择不当，如焊接电流偏小、焊接速度过快、电弧电压过高以及电弧偏吹、碱性焊条引弧和熄弧方法不当等都容易产生气孔。

4）单面焊双面成形打底焊操作不熟练，焊条角度不当，使熔池保护不好。填充金属给送过多，导致熔池增大，灭弧间歇时间长，影响气体在有效时间内逸出。

（2）防止措施

1）选用优质焊条，焊条使用前要按规定进行烘干，烘干后的焊条要放入保温筒内随用随取。

2）用角向磨光机将试件两侧坡口面及坡口边缘各20～30 mm范围以内的油、锈、污垢清除干净，使之呈现金属光泽。

3）选择合适的焊接参数，并短弧操作。在风速和湿度较大、潮湿和闷热气候、雨雪环境下，应采取有效防护措施。碱性焊条引弧部位易产生蜂窝状气孔，应采用划擦法引弧。

4. 夹渣

焊后残留在焊缝的焊渣，称为夹渣。仰焊比平焊容易产生夹渣，夹渣会影响接头的力学性能，降低耐蚀性。

（1）产生原因

1）坡口角度或焊接电流过小。

2）操作不当，如仰焊时，引弧、接头方法和运条手法不当。

3）单面焊双面成形的每一层焊缝清渣不彻底，特别是焊缝与坡口两侧之间夹角处的焊渣。

（2）防止措施

1）焊前检查焊件坡口角度是否符合要求。

2）选择合适的焊接电流，按操作要领进行操作。

3）仔细清理焊层之间、焊缝与坡口两侧之间的焊渣。

5. 咬边

由于焊接参数选择不当，或操作方法不正确，沿焊趾的母材部位产生的沟槽或凹陷称为咬边。咬边也是仰焊常见缺陷。

产生的原因主要有焊接电流太大、电弧太长、运条速度和运条角度不当、坡口两侧停留时间过短等。

防止措施：选择合适的焊接电流，短弧操作，控制好运条速度和运条角度，焊接时注意坡口两侧要稍作停顿。

6. 焊瘤

焊接过程中，熔化金属流淌到焊缝之外未熔化的母材上所形成的金属瘤称为焊瘤。焊瘤不仅影响焊缝外表美观，而且焊瘤下面常有未焊透缺陷，易造成应力集中。

产生的原因主要有焊缝间隙过大、焊条角度和运条方法不正确、焊接电流过大或焊接速度太慢等。焊瘤是仰焊的常见缺陷。

防止措施：焊接时要控制焊缝间隙，选择正确的焊条角度和运条方法，选择合适的焊接参数等。

7. 烧穿

焊接过程中，熔化金属自坡口背面流出形成穿孔的缺陷，称为烧穿。

烧穿是一种不允许存在的焊接缺陷。产生烧穿的主要原因是焊接电流过大、焊接速度太慢、装配间隙太大或钝边太薄等。为防止烧穿，要选择适当的焊接参数，要确保装配质量。特别在V形坡口对接仰焊打底层焊接时，要注意控制熔池温度，避免由于熔池温度过高，其表面张力减小而坠落形成烧穿缺陷。

8. 凹坑

焊后在焊缝表面或焊缝背面形成的低于母材表面的局部低洼部分，称为凹坑。凹坑会减少焊缝有效工作截面，降低焊缝的承载能力。

产生凹坑的主要原因是电弧太长、焊条角度不当和装配间隙太大等。V形坡口仰焊打底层焊接时，在坡口背面就容易产生凹坑缺陷。为此，焊接时要采用短弧操作，焊条角度和装配间隙要符合要求。

9. 未焊透

焊接时接头根部未完全熔透的现象，称为未焊透。对对接焊缝也指焊缝深度未达到设计要求的现象。

未焊透不仅使焊接接头的力学性能降低，而且在未焊透处的缺口和端部形成应力集中点，承载后会引起裂纹。在V形坡口仰焊打底层焊接时，未焊透也是常出现的一种缺陷。

（1）产生原因

1）焊件坡口钝边过厚，坡口角度太小，焊根未清理干净，间隙太小。

2）焊条角度不正确，焊接电流过小，焊接速度过快，电弧太长。

3）焊接时电弧偏吹。

4）坡口未清理干净，焊接位置不佳，焊接可达性不好等。

（2）防止的措施

正确选择和加工坡口尺寸，保证必需的装配间隙；选用适当的焊接电流和焊接速度；运条中当遇到电弧偏吹时，应迅速调整焊条角度，以防焊偏等。

10. 未熔合

熔焊时，焊道与母材之间或焊道与焊道之间，未完全熔化结合的部分称为未熔合。

未熔合产生的危害大致与未焊透相同。产生未熔合的原因主要有：坡口面有锈垢和污物；焊接电流太小；电弧产生偏吹；焊条摆动幅度太小等。防止未熔合的方法主要是熟练掌握操作手法，焊接时注意运条角度和边缘停留时间，使坡口边缘充分熔化以保证熔合，正确选择焊接电流等。

第2节 低碳钢或低合金钢板对接仰焊

学习单元1 低碳钢或低合金钢板对接仰焊工艺

学习目标

➢ 掌握熔滴过渡在对接仰焊中的应用。

知识要求

一、仰焊特点

仰焊是焊条位于焊件下方，焊工仰视焊件所进行的一种焊接。仰焊是各种焊接位置中难度最大的一种施焊位置，因为在焊接过程中，熔滴金属的重力将阻碍熔滴向熔池中过渡，已熔化的熔池金属受自身的重力作用，也将产生下塌，使焊缝成形困难。焊缝正面容易形成焊瘤，背面则会出现内凹缺陷，同时在施焊中还常发生熔渣超前现象，流淌的熔化金属飞溅扩散，如果防护不当，容易造成烫伤事故。因此，在运条方面仰焊要比平焊、立焊和横焊的难度大且焊接效率低。

二、仰焊熔滴过渡形式及影响因素

仰焊时由于熔池倒悬在焊件下面，没有固体金属的承托，使焊缝难以成形。操作时，靠充分利用电弧吹力和等离子流力的同时，保持最短的电弧长度，使熔滴在很短的时间内过渡到熔池中，又在表面张力的作用下与熔池的液态金属汇合，以保证焊缝成形。因此，仰焊熔滴过渡是以短路过渡形式过渡。在仰焊过程中，熔滴金属的重力将阻碍熔滴向熔池中过渡，所以，只有克服熔滴金属重力的不利影响，才能使熔滴顺利过渡到熔池中去。通过选用小直径焊条、采用小电流、短弧操作等措施来减小熔滴尺寸，以克服熔滴重力的影响，同时在表面张力和电磁收缩力的

共同作用下，使熔滴金属在很短的时间内由焊条过渡到熔池中去，促使焊缝成形。

学习单元2　低碳钢或低合金钢板对接仰焊操作

学习目标

➤ 熟悉钢板组对及清理要求。

➤ 掌握低碳钢或低合金钢板对接仰焊的操作要领。

技能要求1

低碳钢板对接仰焊单面焊双面成形的焊接

一、工作准备

1. 试件材质及尺寸

试件材质：Q235。

试件尺寸：300 mm×100 mm×12 mm两块。

坡口形式及尺寸：坡口形式为V形；坡口尺寸如图1—3所示。

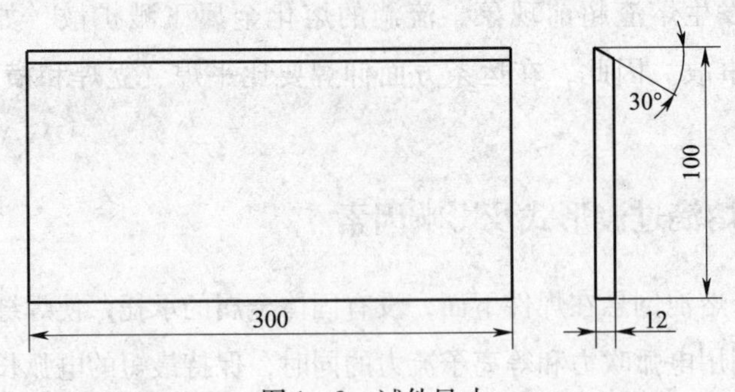

图1—3　试件尺寸

2. 焊接材料及设备

焊接材料：E4303焊条，75～150℃烘干1～2 h（需要时），放入保温筒内随用随取。

焊接设备：可选用ZX7—400型逆变直流弧焊机。

3. 焊接参数

主要焊接参数见表 1—1。

表 1—1　　　　主要焊接参数

焊接层次	焊条直径（mm）	焊接电流（A）		电弧电压（V）		极性
		灭弧焊	连弧焊	灭弧焊	连弧焊	
封底层	ϕ3.2	95 ~ 115	70 ~ 85	20 ~ 22	18 ~ 20	正接
填充层	ϕ4.0	110 ~ 130	110 ~ 130	22 ~ 24	23 ~ 26	正接
盖面层		100 ~ 120	100 ~ 120	21 ~ 23	22 ~ 24	正接

二、工作程序

1. 试件打磨及清理

用角向磨光机将试件两侧坡口面及坡口边缘各 20 ~ 30 mm 范围以内的油、污、锈、垢清除干净，使之呈现金属光泽，如图 1—4 所示。

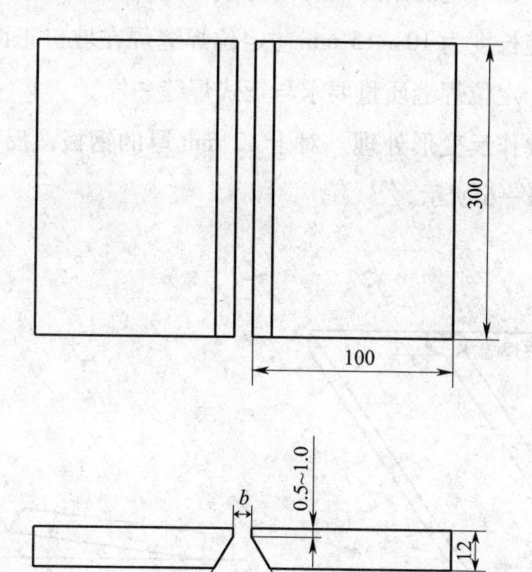

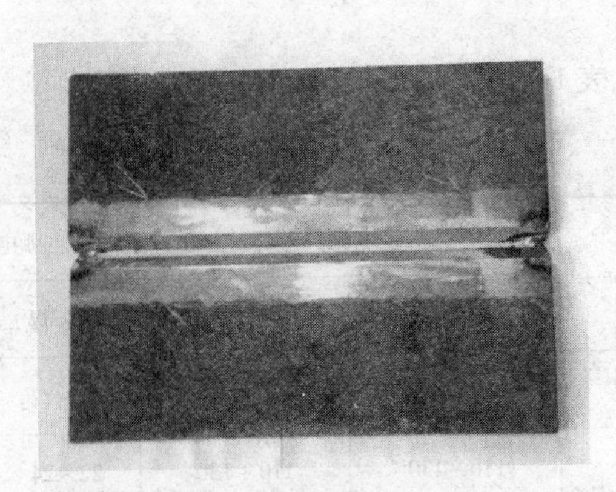

图1—4　试件打磨及清理

2. 试件组对及定位焊

将打磨好的试件装配成Y形坡口的对接接头，坡口钝边量为0.5～1.0 mm，错边量≤0.5 mm，装配间隙的始焊端为3.2 mm、终焊端为4 mm。终焊端间隙放大的目的是克服试件在焊接过程中，由于焊缝的横向收缩而使焊缝间隙变小，从而影响背面焊缝质量。

装配好试件后，在焊缝的始焊端和终焊端20 mm范围内，用ϕ3.2 mm的焊条定位焊，定位焊焊缝长度为10～15 mm（定位焊缝焊在坡口正面或背面），定位焊缝厚度为3～4 mm。定位焊缝质量要求与正式焊缝一样。

试板定位后，要作反变形处理。对于12 mm厚的钢板，反变形角一般为2°～3°，如图1—5、图1—6所示。

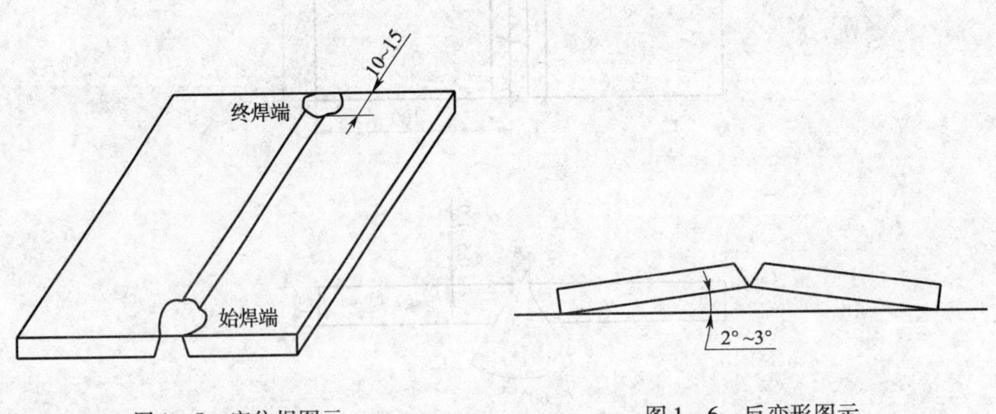

图1—5　定位焊图示

图1—6　反变形图示

装配好的试件，将其装卡在一定高度的架子上（根据现场条件，可以采用蹲、站、躺等位置）进行焊接。

3. 焊接操作

（1）打底层

1）灭弧法焊接

①引弧。采用直击法或划擦法均可。在试件始焊端距端部 10 ~ 15 mm 处坡口内引弧。引燃电弧后，将电弧拉到始焊处，适当拉长电弧并使焊条与焊接方向呈 45°水平夹角进行预热，目的是只能使电弧预热试件，而熔滴不向焊件坡口中过渡，这样既达到预热目的，又使坡口内清洁，防止由于母材温度低，熔滴直接送进后会产生气孔或未熔合，也避免产生电弧偏吹，影响焊接质量。当坡口待焊处出现类似“汗珠”状铁液时，迅速将电弧压入坡口根部，当听到“噗噗”击穿声后再适当停顿，以保证接头完全覆盖前一个熔池。待弧长达到正常焊接的长度时，迅速熄灭电弧。

②接头。在更换焊条时进行中间焊缝接头的方法有热接和冷接两种，无论采用哪种方法都应该先利用长弧进行预热后再焊接。

热接接头的焊缝较平整，可避免接头脱节和未接上等缺陷，此方法与始焊引弧方法相同，要求更换焊条时间越短越好。

冷接头施焊前，先将收弧处焊缝打磨成缓坡状，然后按热接法的引弧方法进行焊接。

如采用热接法接头时，换焊条的速度要快，在收弧熔池还没有完全冷却时，立即在熔池后 10 ~ 15 mm 处引弧。当电弧移至收弧熔池边缘时，将焊条向上顶，听到击穿声，稍作停顿，然后灭弧。接下来再给两滴铁液，以保证接头过渡平整，然后恢复原来的断弧焊法。

③运条方法。灭弧位置要始终保持在坡口根部熔孔一侧，再次引弧时在坡口根部熔孔另一侧接弧。引弧方法均采取直击法，引弧后把电弧直接压到坡口根部，燃弧、熄弧的频率要快、位置要准，一般燃弧时间为 0.6 s 左右，平均每分钟 60 ~ 70 次，使熔池小而薄。燃弧中焊条不能摆动。如果稍作摆动，使电弧停留时间变长，因此电弧的高温将会降低熔池的表面张力而引起铁液下坠造成背面凹陷。熄弧时要迅速向前熄弧，如果在熔池后边熄弧，电弧将会对熔池继续加热，产生熔池下坠，造成背面凹陷。

④焊条角度。在施焊中焊条与焊接反方向夹角一般为 70° ~ 80°，焊条与两侧夹角各为 90°，如图 1—7 所示。这样便于电弧把熔滴送入背面，也不再加热已经成形的熔池。焊条角度与运条方法也应根据间隙的不同适当变化，如果间隙小，采用一点击穿法；如果间隙大，采用两点击穿法。

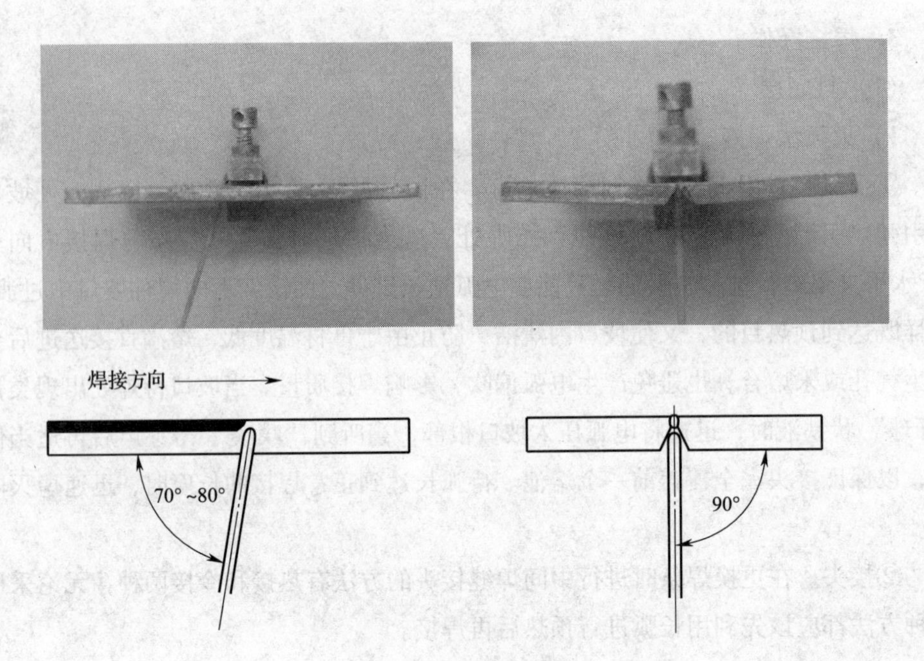

图 1—7　焊条角度

⑤焊接电流。由于不断引燃和熄灭电弧，只有保证引弧容易、引弧的位置准确才能保证焊接的正常进行，因此，必须采用稍微大些的焊接电流。

更换焊条时要注意提高燃弧、灭弧的频率以填满弧坑，使熔池缓冷而饱满，防止产生缩孔和火口裂纹。

2）连弧法焊接

①引弧。在试板始焊端定位焊缝上引弧、稍加停留，以利用电弧的温度预热母材，然后压低电弧连续焊至坡口间隙处，并将焊条向上给送，待坡口根部形成熔孔时，转入正常焊接。

②运条方法。仰焊时要尽量压低电弧，利用电弧吹力将熔滴在熔孔处送入坡口背面，使电弧始终正对熔孔，完全在背面燃烧，并采用小幅度锯齿形摆动，在坡口两侧稍作停留，保证焊缝根部焊透、与两侧熔合良好。横向摆动幅度要控制在 1 mm左右，摆幅大小和前进速度要均匀，停顿时间比其他焊接位置稍短些，使熔池尽可能小而薄，以防止由于熔池过热使熔池金属下坠，造成焊缝背面下凹，正面出现夹角或焊瘤。

③收弧。每当焊完一根焊条将要收弧时，应使焊条向试件的左或右侧回拉 10 ~ 15 mm，并迅速提高焊条熄弧，使熔池逐渐减小，填满弧坑并形成缓坡，以避免在弧坑处产生缩孔和收缩裂纹等缺陷，并有利于下一根焊条的接头。

④焊条角度。在施焊中焊条与焊接反方向夹角一般为 70° ~ 80°，焊条与两侧

夹角各为 90°，如图 1—7 所示。

⑤接头。更换焊条进行中间焊缝接头的操作方法与灭弧焊的方法相同。

（2）填充层

第一层填充时，稍作横向摆动，选择较大的焊接电流，以利用较大的熔深把打底层的焊接缺陷清除。

第二层填充时，焊缝中间焊条摆动速度要稍快，两侧稍作停顿，形成中部凹形的焊缝，尽量保持坡口的原始边缘不被破坏且两侧要熔合良好，焊道表面平整，如图 1—8a 所示。填充层焊完后的焊缝应比坡口表面低 1～1.5 mm，以使盖面层形成圆滑过渡、高度一致的焊缝，也使盖面焊时坡口轮廓清楚，便于观察。

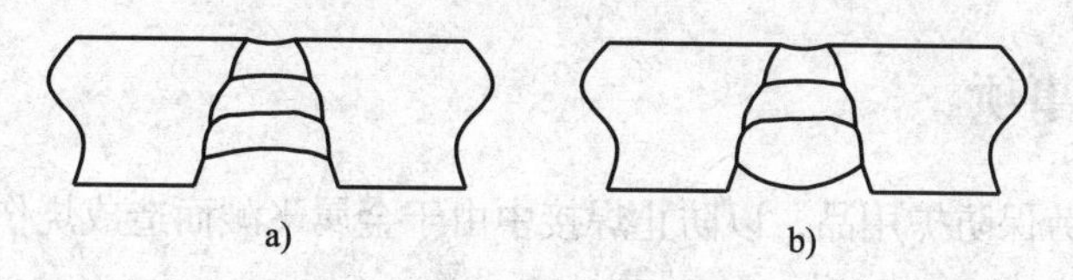

图 1—8　表面情况对比

a）表面合格　b）表面不合格

运条方法均采用 8 字形或反月牙形运条方法，目的是使两边停弧时间稍长，便于清除根部夹角处的缺陷和减少焊缝中心的高温停留时间，焊接过程中尽量采用短弧焊接。

焊条角度与焊接方向两侧夹角一般为 90°，与焊接反方向夹角为 70°～80°。

（3）盖面层

盖面焊的关键是要控制好盖面层焊缝的外形尺寸，并防止咬边与焊瘤。盖面层施焊前，应将前一层熔渣和飞溅清除干净，待温度降低以后再施焊。

焊条角度与运条方法与填充层相同，采用 8 字形或锯齿形运条方法，摆动时焊条靠近坡口的一侧与坡口边缘对齐并稍作停顿，横向摆动的时间与两侧停顿的时间比例以 2∶1∶2 或 3∶1∶3 为佳，当熔池扩展到熔入坡口边缘 0.5～1 mm 处即可。填充层、盖面层焊缝接头：在熔池前 10～15 mm 处引燃电弧，当电弧稳定燃烧后在熔池内侧将电弧以反划“?”号的方法进行接头，如图 1—9 所示。注意：电弧的摆动必须在熔池的边缘线内运行。

（4）焊缝清理

焊缝焊完后，使用清理工具将焊缝表面的焊渣、飞溅物等清理干净，焊缝应保持原始状态。

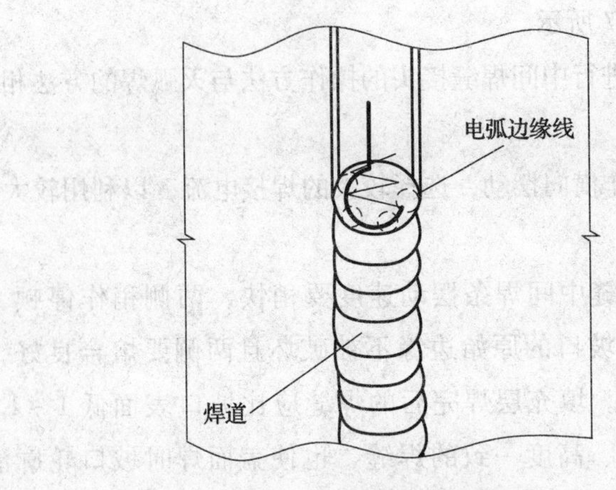

图1—9　盖面层焊接方法

三、注意事项

1．穿戴好劳保防护用品，以防止焊接中由于金属飞溅而造成烧伤、烫伤事故。

2．焊条使用前必须按规定进行烘干，并放入保温筒内随用随取。

3．焊接过程中无论焊接哪一层，都必须短弧操作，并按操作要领控制好熔池温度，以保证焊缝良好的成形。

4．对每层焊道的熔渣要彻底清理干净，特别是边缘死角的熔渣。

5．焊接中应注意防止电弧偏吹现象，如有偏吹发生时，要及时将焊条向偏吹方向作倾斜调整，以防止产生焊接缺陷。

技能要求2

低合金钢板对接仰焊单面焊双面成形的焊接操作

一、工作准备

1．试件材质及尺寸

试件材质：Q345R。

试件尺寸：300 mm×100 mm×12 mm两块。

坡口形式及尺寸：坡口形式为V形；坡口尺寸如图1—10所示。

2．焊接材料及设备

焊接材料：E5015焊条，使用前要进行350～400℃烘干1～2 h，放入保温筒内随用随取。

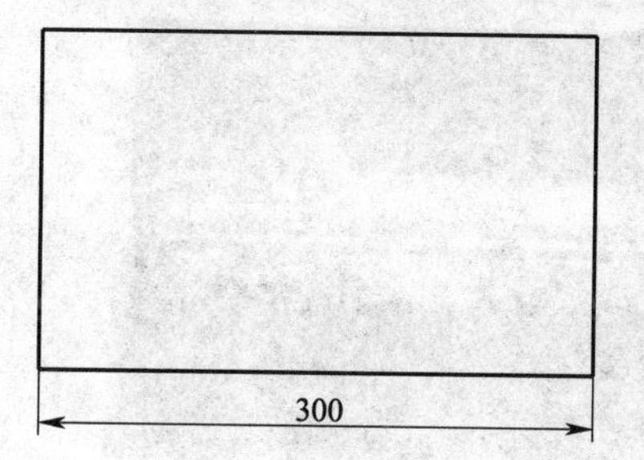

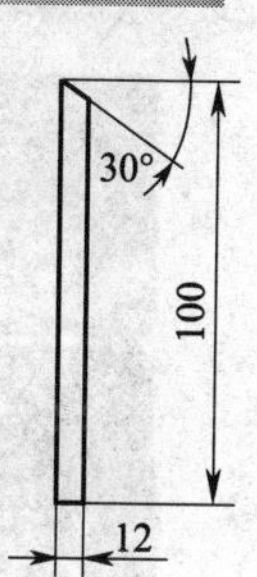

图 1—10　坡口尺寸

焊接设备：可选用 ZX7—400 型逆变直流弧焊机。

3. 焊接参数

主要焊接参数见表 1—2。

表 1—2　　　　**主要焊接参数**

焊接层次	焊条直径（mm）	焊接电流（A）	电弧电压（V）	极性
打底焊	$\phi 3.2$	70 ~ 85	18 ~ 20	反接
填充焊	$\phi 4.0$	125 ~ 150	23 ~ 26	反接
盖面焊		125 ~ 130	22 ~ 24	反接

二、工作程序

1. 试件打磨及清理

用角向磨光机将试件两侧坡口面及坡口边缘各20～30 mm范围以内的油、污、锈、垢清除干净，使之呈现金属光泽。

2. 试件组对及定位焊

将打磨好的试件装配成Y形坡口的对接接头，坡口钝边量为1～1.5 mm，错边量≤0.5 mm，装配间隙的始焊端为3.2 mm、终焊端为4 mm。终焊端间隙放大的目的是克服试件在焊接过程中，由于焊缝的横向收缩而使焊缝间隙变小，从而影响背面焊缝质量。

装配好试件后，在焊缝的始焊端和终焊端20 mm范围内，用ϕ3.2 mm的焊条进行定位焊，定位焊焊缝长度为10～15 mm（定位焊缝焊在坡口正面或背面），定位焊缝厚度3～4 mm，定位焊缝质量要求与正式焊缝一样。试板定位后，要作反变形处理。对于12 mm厚的钢板，反变形角为2°～3°，如图1—11、图1—12所示。

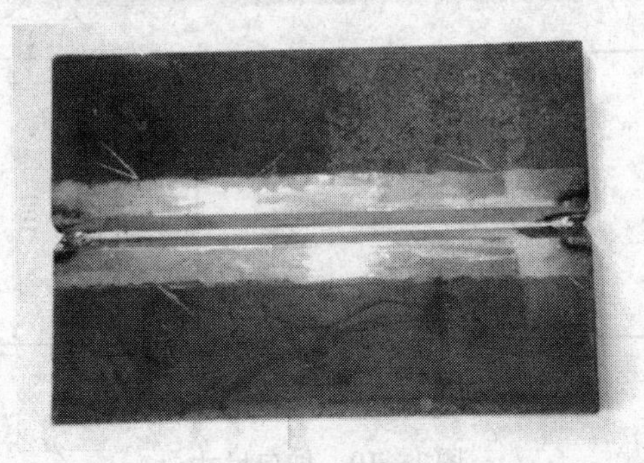

图1—11　定位焊

图1—12　反变形角度

装配好的试件，将其装卡在一定高度的架子上进行焊接。

3. 焊接操作

（1）打底焊

1）引弧。在试板始焊端定位焊缝上引弧、稍加停留，利用电弧的温度预热母材，然后压低电弧在坡口内侧摆动连续焊至坡口间隙处，并将焊条向上顶送，当听到“噗噗”的声音后，说明焊件根部已熔透，待坡口根部形成第一个熔孔时，引弧结束转入正常焊接。

2）运条方法。采用短弧操作。利用电弧吹力将熔滴送入坡口背面，采用小幅度锯齿形摆动，在坡口两侧稍作停留，保证焊缝根部焊透、与两侧熔合良好。焊条在坡口内的横向摆动幅度要控制在 1 mm，摆幅大小和前进速度要均匀，且始终正对熔孔处进行，停顿时间比其他焊接位置稍短些，在施焊中焊条与两侧夹角为 90°，与焊接反方向夹角一般为 80°～90°，如图 1—7 所示。

这样既便于电弧把熔滴送入坡口背面，也可避免电弧重复加热熔池，使熔池尽可能小而且浅，防止由于过度受热使熔池金属下坠，造成焊缝背面下凹、正面出现焊瘤。

3）收弧。每当焊完一根焊条要收弧时，要填满弧坑并形成缓坡，使焊条向试件的一侧坡口上回拉约 10 mm，使熔池温度逐渐降低后熄弧，以避免在弧坑处产生缩孔和裂纹等缺陷，并有利于下一根焊条的接头。

4）接头。采用划擦法引燃电弧，迅速将焊条引至熔池后方 5～10 mm 处采用短弧小幅度摆动（目的是利用电弧进行预热）到焊条正对熔孔时，迅速将电弧压入坡口根部，待击穿到背面后进行正常焊接。更换焊条进行中间焊缝接头的方法有热接和冷接两种。

热接头的焊缝较平整，可避免接头脱节和未接上等缺陷，此方法要求更换焊条时间越短越好。

冷接法施焊前，先将收弧处焊缝打磨成缓坡状，然后按热接法的引弧方法进行焊接。

（2）填充焊

每一层焊缝高度必须控制在 3.5 mm 以下，保证坡口边缘不被破坏、两侧熔合良好，焊道表面平整。

填充层施焊前，应将前一层的熔渣、飞溅清除干净，焊缝接头处的焊瘤打磨平整，以使填充层焊道圆滑过渡，焊缝两侧与母材熔合良好，避免两侧出现夹角。焊条角度和运条方法均与打底层相同。

第一层填充时，采用较大电流，焊条稍作横向摆动，以利用较大的熔深把打底层的焊接缺陷熔化掉，但是要注意焊接速度不能太慢，防止两侧形成夹角，如图1—8b所示。

第二层填充时，必须注意不能损坏坡口表面边缘线，以使盖面焊时好控制焊缝的平直度。焊缝中间运条速度要稍快，两侧稍作停顿，形成中部凹形的焊缝，如图1—8a所示。

填充层焊完后的焊缝应比坡口表面低1～1.5 mm，以使盖面层形成圆滑过渡、高度一致的焊缝，如图1—8a所示。

（3）盖面焊

盖面焊关键要控制好盖面层焊缝的外形尺寸，并防止咬边与焊瘤的产生。盖面层施焊前，应将前一层熔渣和飞溅清除干净。施焊的焊条角度与运条方法均同填充层的焊接，但焊条水平横向摆动的幅度比填充层更宽，一般电弧熔入坡口表面边缘1 mm左右，摆至坡口两侧时应将电弧进一步缩短，并稍作停顿。注意两侧熔合情况，以避免咬边。从一侧摆至另一侧时应稍快一些，以防止熔池金属下坠而产生焊瘤。

填充层、盖面层焊缝接头时，在熔池前10～15 mm处引燃电弧，当电弧稳定燃烧后在熔池内侧将电弧以反划“?”号的方法（见图1—9）进行接头。注意：电弧的摆动必须在熔池的边缘线内运行。

4. 焊缝清理

焊缝焊完后，使用清理工具将焊缝表面的焊渣、飞溅物等清理干净，焊缝应保持原始状态。

三、注意事项

1. 穿戴好劳保防护用品，以防止焊接中由于金属飞溅而造成烧伤、烫伤事故。

2. 焊条使用前必须按规定进行烘干，并放入保温筒内随用随取。

3. 焊接过程中无论焊接哪一层，都必须短弧操作，并按操作要领控制好熔池温度，以保证焊缝的良好成形。

4. 对每层焊道的熔渣要彻底清理干净，特别是边缘死角的熔渣。

5. 焊接中应注意防止电弧偏吹现象，如有偏吹发生时，要及时将焊条向偏吹方向作倾斜调整，以防止产生焊接缺陷。

6. 焊接坡口间隙要窄，钝边要小。

7. 焊接时要保持合适的熔孔，以控制熔池尺寸。

学习单元3 焊缝质量检查

学习目标

➤ 熟悉焊缝质量检查的项目及要求。

知识要求

低碳钢或低合金钢管焊缝质量的检查主要是指成品检查，即对焊缝缺陷的检查。它包括焊缝外观检查、焊缝内部检测和弯曲试验。

一、外观检查

1. 检查方法

（1）采用宏观方法。

（2）手工焊的板材试件两端20 mm内的缺陷不计。

（3）焊缝的余高和宽度可用焊缝检验尺测量最大值和最小值，不取平均值。

（4）单面焊的背面焊缝宽度可不测定。

2. 检查基本要求

（1）焊缝表面应当是焊后原始状态，焊缝表面没有加工修磨或者返修。

（2）属于一个考试项目的所有试件外观检查的结果均符合各项要求，该项试件的外观检查才为合格，否则为不合格。

二、内部检测

内部检测是检测焊缝内部的裂纹、气孔、夹渣、未焊透等缺陷，通常采用射线探伤（RT）。按照《特种设备焊接操作人员考核细则》要求，试件的射线检测应按照JB/T 4730—2005《承压设备无损检测》标准进行，射线检测技术不低于AB级，焊缝质量等级不低于Ⅱ级为合格。

三、弯曲试验

对焊工考试试件的检验一般只进行弯曲试验。弯曲试验也叫冷弯试验，是测定焊接接头弯曲时的塑性的一种试验方法，也是检验接头质量的一个方法。它是以一定形状和尺寸的试样，在室温条件下被弯曲到出现第一条大于规定尺寸的裂纹时的弯曲角度作为评定标准。冷弯试验还可反映出焊接接头各区域的塑性差别，考核熔合区的熔合质量和暴露焊接缺陷。弯曲试验分正弯、背弯和侧弯三种，可根据产品技术条件选定。背弯易于发现焊缝根部缺陷，侧弯能检验焊层与母材之间的结合强度。

冷弯角一般以180°为标准，再检查有无裂纹。当试件达到规定角度后，拉伸面上出现的裂纹长度不超过3 mm、宽度不超过1.5 mm为合格。

第3节 低碳钢或低合金钢管单面焊双面成形

学习单元1 低碳钢或低合金钢管的焊接相关知识

➢ 熟悉低碳钢管或低合金钢管的焊接特点。

➢ 了解低碳钢管或低合金钢管对接焊缝质量检验的基本知识。

一、焊接特点

不同直径、厚度及材料的管材在焊接生产中经常出现，相对于板材而言，其焊条角度变化较大，焊接难度较高。一般对于直径小于500 mm的管子，常常以开V形及U形坡口形式较多（直径500 mm以上的也可开X形坡口）。管子对接焊接位置有水平转动、水平固定、垂直固定、45°倾斜固定等。为使焊缝在工作中安全可靠，要求焊接时，焊缝能够达到单面焊双面成形。采用的焊接方法，可用手工钨极氩弧焊打底，然后再用焊条电弧焊填充、盖面焊，也可以打底焊、填充和盖面焊均采用焊条电弧焊。下面以焊条电弧焊为例，简单介绍管子焊接特点。

1．水平转动

水平转动管子对接焊是管子处于水平位置，并且随焊接过程的进行不断作水平转动，焊工始终处于平位置焊接，如图 1—13a 所示。与板状试件平位置焊接所不同的是焊条角度随管子的弧度稍做变化。这种位置的焊接难度较小，一般很容易掌握。

2．水平固定

水平固定管子对接焊是管子固定于水平位置上，如图 1—13c 所示，焊接过程中，管子不能动。水平固定管单面焊双面成形的焊接是空间全位置的焊接，即在焊接过程中需经过仰焊、立焊、平焊等几种位置。为了便于叙述施焊顺序，可把水平固定管的横断面当作钟表盘，划分为 3、6、9、12 点等时钟位置。通常定位焊缝在 2 点、10 点的位置，焊接开始时，在时钟 6 点位置起弧，将环焊缝分为两个半圆，即时钟 6、3、12 点位置和时钟 6、9、12 点位置。焊接过程中，焊条角度变化很大，另外，焊工不易控制熔池形状，常出现打底层根部第一层焊透程度不均匀，焊道表面凹凸不平的情况。因此操作难度较大，一般不容易掌握。

3．垂直固定

垂直固定管子对接焊是管子固定于铅垂位置上，如图 1—13b 所示，焊接过程中，管子不能动。垂直固定管的焊接，是一条处于水平位置的环缝，与平板对接横焊类似，焊缝也就属于横焊缝，不同的是横焊缝具有弧度，因而焊条在焊接过程中是随弧度运条焊接的。其焊接特点如下：

（1）熔池因自重的影响，有由于自然下坠而造成上侧咬边的趋势，表面多道焊不易焊得平整美观，常出现凹凸不平的焊缝缺陷。

（2）多道焊的运条比较容易掌握，熔池形状变化不大。

（3）由于广泛采用多道焊法，易引起焊缝层间夹渣及层间熔化不良。

垂直固定管子焊接也是将管子分为两个半圆进行。总之，这种位置的焊接难度较小，一般比较容易掌握。

4．45°倾斜固定

45°倾斜固定管子对接焊是管子固定于管子中心线与水平面成 45°角的位置上，如图 1—13d 所示，焊接过程中，管子不能动。45°倾斜固定管子对接焊是介于垂直固定管和水平固定管之间的一种焊接操作，操作方法与前两种位置焊接有许多共同之处，但也有它独特的地方。焊接过程中也将管子分为两个半圆进行（以时钟钟面6~12点位置分为左右两个半圆），每个半圆都包括斜仰焊、斜立焊和斜平焊三种焊接位置。通常在时钟的6点位置开始焊接，在时钟的12点位置收弧。

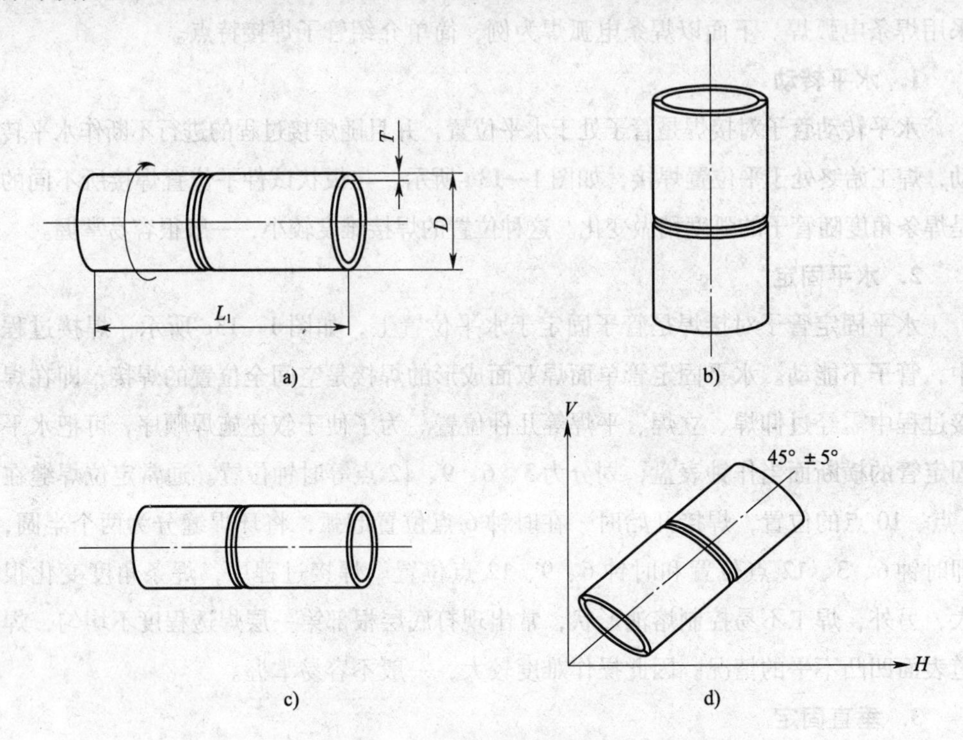

图1—13　管材对接焊缝试件

a）水平转动试件代号1G（转动）　b）垂直固定试件代号2G

c）水平固定试件代号5G、5G×（向下焊）　d）45°固定试件代号6G、6G×（向下焊）

二、熔滴过渡形式及影响因素

由于管子焊接时焊条的角度不断变化，因此，无论是哪种位置的焊接，焊条电弧焊必须采用短弧操作。操作时，充分利用电弧吹力的同时，保持最短的电弧长度，使熔滴在很短的时间内过渡到熔池中，并在表面张力的作用下与熔池的液态金属熔合，以保证焊缝成形。因此，管子对接焊时熔滴过渡形式也是短路过渡。

在焊接过程中，熔滴金属的重力将阻碍熔滴向焊缝熔池中过渡，所以，只有克服熔滴金属重力的不利影响，才能使熔滴顺利过渡到熔池中去。通过选用小直径焊条，采用小电流、短弧操作等措施来减小熔滴尺寸，以克服熔滴重力的影响，同时在表面张力和电磁收缩力的共同作用下，使熔滴金属在很短的时间内由焊条过渡到熔池中去，促使焊缝成形。

学习单元 2　低碳钢或低合金钢管的焊接操作

学习目标

➢ 掌握低碳钢或低合金钢管的焊接操作。

技能要求 1

低碳钢或低合金钢管垂直固定加排管障碍的单面焊双面成形操作

一、工作准备

1. 试件材质及尺寸

试件材质：Q235 或 Q345。

试件尺寸：ϕ51 mm × 3. 5 mm × 100 mm 两件。

坡口形式及尺寸：V 形坡口，障碍管 ϕ51 mm × 200 mm，如图 1—14 所示。

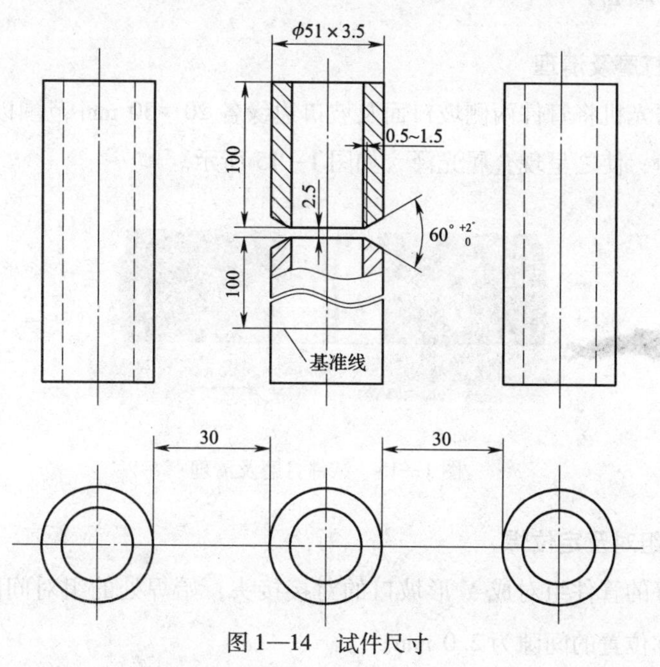

图 1—14　试件尺寸

2．焊接材料及设备

焊接材料：E4303焊条，75~150℃烘干1~2 h（需要时）；E5015焊条，使用前要进行350~400℃烘干1~2 h。放入保温筒内随用随取。

焊接设备：ZX7—400型逆变直流弧焊机。

3．焊接参数

焊接低碳钢（Q235）选用的主要焊接参数见表1—3。

表1—3　　酸性焊条灭弧焊焊接参数

焊接层次（道数）	焊条直径（mm）	焊接电流（A）	电弧电压（V）	极性
打底焊（1）	ϕ2.5	75~85	18~20	正接
盖面焊（2）	ϕ2.5	70~80	19~21	正接

焊接低合金钢（Q345）选用的主要焊接参数见表1—4。

表1—4　　碱性焊条连弧焊焊接参数

焊接层次（道数）	焊条直径（mm）	焊接电流（A）	电弧电压（V）	极性
打底焊（1）	ϕ2.5	60~85	18~20	反接
盖面焊（2）	ϕ2.5	65~90	19~21	反接

二、工作程序

1．试件打磨及清理

用角向磨光机将管件两侧坡口面及坡口边缘各20~30 mm范围以内的油、锈、污垢清除干净，使之呈现金属光泽，如图1—15所示。

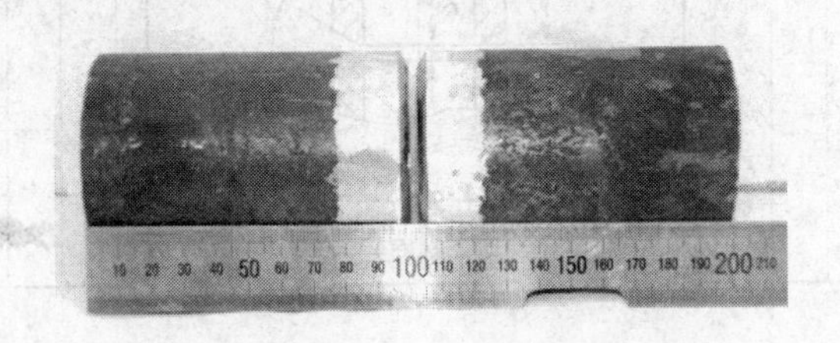

图1—15　试件打磨及清理

2．试件组对及定位焊

将打磨好的管件组对成Y形坡口的对接接头，始焊处的组对间隙为2.5 mm，与始焊处对称位置的间隙为2.0 mm。

用 ϕ2.5 mm 的焊条（Q235 用 E4303；Q345 用 E5015）定位焊接，两点定位，定位焊缝长度为 5 ~ 10 mm，并且不能损坏坡口边缘，定位焊应与正式焊缝焊接质量要求一样。组对完成后的试件如图 1—16 所示。组对及定位焊尺寸见表 1—5。

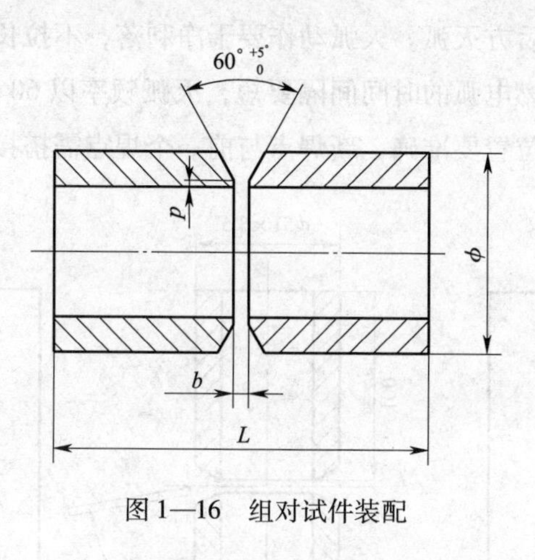

图 1—16　组对试件装配

表 1—5　试件装配尺寸　mm

错边量	定位焊缝长度	组对间隙	钝边
≤0.5	5 ~ 10	2.0 ~ 2.5	1.0 ~ 1.5

3. 操作要领

（1）低碳钢（Q235）酸性焊条的灭弧焊

1）打底层。装配好的管件，将其装卡在一定高度的架子上（根据现场条件采用蹲位或站位）进行焊接。应注意：焊件一旦装卡在架子上，就必须在全部焊缝焊完后再取下。

用灭弧焊法进行打底层焊接时，可利用电弧周期性的燃弧—灭弧过程，使母材坡口的钝边金属有规律地熔化成一定尺寸的熔孔，当电弧作用在正面熔池的同时，使 1/3 ~ 2/3 的电弧穿过熔孔而形成背面焊道。

①焊条角度。焊条角度如图 1—17 所示。

②焊接。焊接分为两个半圆，采用两点击穿法。引弧点在时钟的 9 ~ 10 点中间处，因有障碍管影响焊条的运条，所以，焊工在时钟的 9 ~ 10 点处，将焊条穿过障碍管与被焊管之间的间隙，调整好焊条的角度，尽量在 9 ~ 10 点处起弧。采用直击法在上坡口处引弧，用长弧稍作预热（注意此时不要让熔滴进入坡口），当看到坡口两侧有“出汗”的现象时，将电弧压至上坡口根部，听到电弧击穿根部发出“噗噗”的声音后，待熔化金属堆至间隙的一半时，迅速熄弧，再从下坡口根部重

新引弧击穿下坡口根部，待熔化金属与上坡口熔化的金属熔合形成第一个熔池和熔孔时，迅速熄弧，依此循环进行。焊接方向是从左向右（即从9～10点处起弧，经过钟表的10点→11点→12点，在12～1点位置熄弧）逐点将熔化的金属送到坡口根部，然后迅速向侧后方灭弧。灭弧动作要干净利落，不拉长电弧，防止产生咬边缺陷。灭弧与重新引燃电弧的时间间隔要短，灭弧频率以60～70次/min为宜。灭弧后重新引燃电弧的位置要准确，新焊点与前一个焊点需搭接2/3左右。

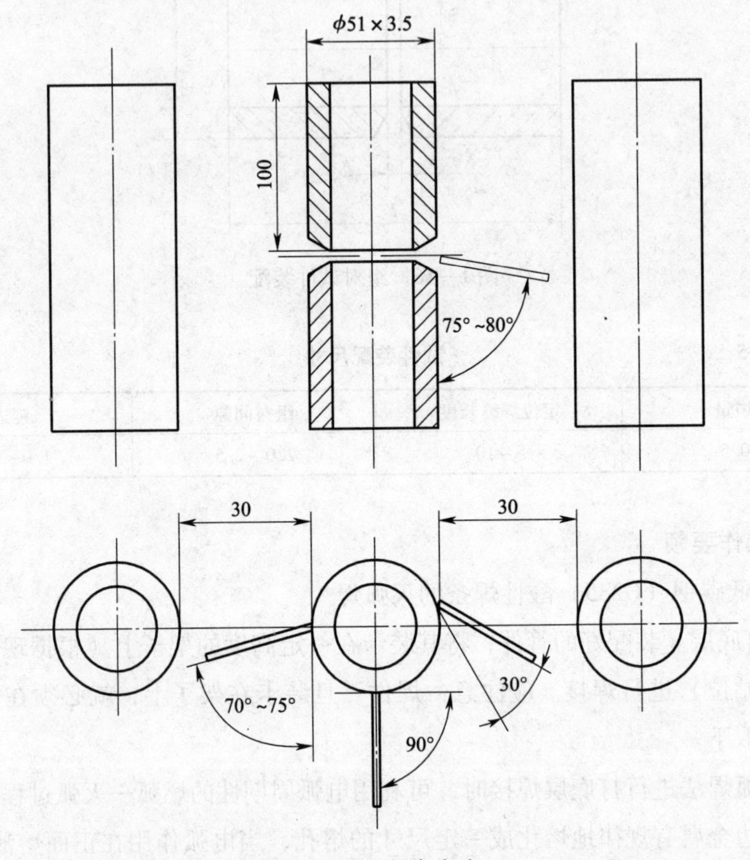

图1—17　焊条角度

然后，焊工将引弧和熄弧点打磨成斜坡状。再沿时钟的12～1点处起弧，经过1点→3点→5点，在6～7点钟位置熄弧。其他操作与前半圈相同，最后在时钟9～10点钟时焊缝要重叠10 mm左右。

焊接时应注意保持焊缝熔池形状与大小基本一致，焊接速度要均匀，并保持脱渣性良好、铁液清晰明亮。

③与定位焊缝的接头。焊接过程中运条到定位焊缝根部时，焊条要向根部间隙顶送一下，当听到“噗噗”的声音后，将焊条快速运条到定位焊缝的另一端根部

预热，见待焊处坡口两侧出现“汗珠”状铁液时，焊条要在坡口根部间隙处向下压，听到“噗噗”的声音后，稍作停顿用短弧焊手法继续焊接。

④收弧。焊条接近始焊端时，焊条在始焊端的收口处稍微停顿预热，看到出现“汗珠”的现象时，焊条向坡口根部间隙处下压，让电弧击穿坡口根部间隙处，当听到“噗噗”的声音后稍微停顿，然后继续向前施焊 10 ~ 15 mm，填满弧坑即可。

⑤接头。打底层接头多采用热接法，这样可以避免背面焊缝产生冷缩孔和未焊透、未熔合等缺陷。

2）盖面层

①清理与打磨。仔细清理打底层焊缝与坡口两侧母材夹角处的焊渣、焊点与焊点叠加处的焊渣。将打底层焊缝表面不平整之处进行打磨，为盖面层的焊接作准备。

②焊条角度。盖面层通常焊两道，第一道焊缝是焊在下坡口上，焊条与下管壁的夹角为 75° ~ 80°；第二道焊缝是焊在上坡口上，焊条与下管壁的夹角为80° ~ 90°，如图 1—18 所示。

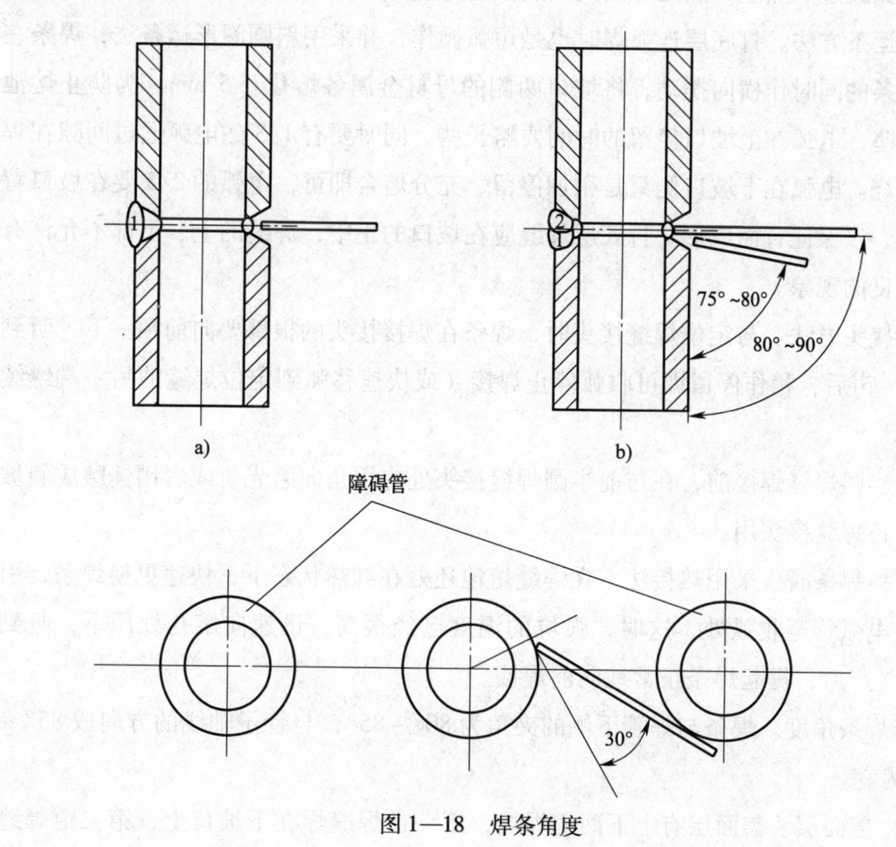

图 1—18　焊条角度

③运条方法。焊接方向与打底层相同，采用直线形运条法，不作横向摆动，焊接时，每道焊缝与前一道焊缝要搭接1/3左右，接头要尽量错开15~20 mm，盖面层焊缝与坡口两侧边缘熔合1 mm。

3）焊后清理。焊完焊缝后，用敲渣锤清除焊渣，用钢丝刷进一步将焊渣飞溅物等清理干净，焊缝处于原始状态。

（2）低合金钢（Q345）碱性焊条的连弧焊

1）打底层

①引弧。采用左进法便于焊工观察熔池，由于有两个障碍管，所以从9点或3点位置起弧焊接，有利于越过12点或6点位置，引弧时将焊条尽量向坡口根部送进。

②焊接。把管子分为两个半圆焊接，焊接前半圆时，焊工正对时钟的12点或6点位置，引弧后不断弧连续焊接。焊接方向有两个，即由左向右和由右向左。具体焊法视焊工情况而定。

在9点位置引弧，沿10点向1点方向焊接，在12点与1点之间熄弧，再由熄弧处引弧经过6点至7点处焊接到9点位置熄弧完成打底层焊接。

③运条方法。打底层连弧焊时也是短弧操作，并采用斜圆圈形运条法，焊条在向前运条的同时作横向摆动，将坡口两侧的母材金属各熔化0.5 mm。为防止熔池金属下坠，电弧在上坡口停留的时间要略长些，同时要有1/3的电弧通过间隙在焊管内燃烧。电弧在下坡口侧只是稍加停留、充分熔合即可，电弧的2/3要在坡口背面燃烧，以保证背面成形。打底层焊缝应在坡口的正中，焊缝的上、下部不允许有熔合不良的现象。

④接头方法。与定位焊缝接头时，焊条在焊接接头的根部要向前顶一下，听到“噗噗”声后，稍作停留即可收弧停止焊接（或快速移弧到定位焊缝的另一端继续焊接）。

后半圆焊缝焊接前，在与前半圆焊缝接头处应用角向磨光机或者用锉磨成斜坡状，以备焊缝接头用。

更换焊条时应采用热接法，在焊缝熔池还处在红热状态下，快速更换焊条，引弧并将电弧移至收弧处，这时，弧坑的温度已经很高，迅速向熔孔处压下，听到“噗噗”声后，提起焊条正常地向前焊接。

⑤焊条角度。焊条与焊管下侧的夹角为80°~85°，与管子轴线的方向成85°~90°角为宜。

2）盖面层。盖面层有上下两道焊缝，第一道焊缝焊在下坡口上，第二道焊缝焊在上坡口上。运条方法采用直线运条，焊条在焊接过程中不摆动。焊前将打底层焊缝的焊渣及飞溅物等清理干净，用角向磨光机将打底层焊缝表面不平整之处进行打磨，为盖面层的焊接作准备。

盖面层焊缝的焊接顺序是自左向右、自下而上，与打底层焊缝一样，分为两个半圆进行焊接。焊接时仍采用短弧操作，焊条角度与运条操作如下：

第一道焊缝焊接时，焊条与管子下侧的夹角为75°～80°，并且1/4 电弧在母材上燃烧，使下坡口母材边缘熔合 1 mm。

第二道焊缝焊接时，焊条与管子下侧的夹角为 80°～90°，并且第二道焊缝与第一道焊缝重叠 1/3，第二道焊缝与上坡口母材边缘熔合 1 mm 左右。

3）焊后清理。焊完焊缝后，用敲渣锤清除焊渣，用钢丝刷进一步将焊渣飞溅物等清理干净，焊缝处于原始状态。

三、注意事项

1. 打底层焊接时应注意保持焊缝熔池形状与大小基本一致，焊接速度要均匀。

2. 焊接过程中要注意焊条角度的变化。

3. 接头方法多采用热接法，以避免背面焊缝出现冷缩孔和未焊透、未熔合等缺陷。

4. 收弧时要填满弧坑，以避免产生缩孔。

5. 在焊接盖面层之前，要仔细清理打底层焊缝的焊渣，打底层焊缝表面不平整之处要进行打磨，以保证盖面层的焊接质量。

技能要求 2

低碳钢或低合金钢管水平固定加排管障碍的单面焊双面成形操作

一、工作准备

1. 试件材质及尺寸

试件材质：Q235 或 Q345。

试件尺寸：ϕ51 mm×3. 5 mm×100 mm 两块。

坡口形式及尺寸：坡口形式为 V 形；坡口尺寸如图 1—14 所示。

2. 焊接材料及设备

焊接材料：E4303 焊条，75～150℃烘干 1～2 h（需要时）；E5015 焊条，使用

前要进行350~400℃烘干1~2 h。放入保温筒内随用随取。

焊接设备：低碳钢或低合金钢都可选用ZX7—400型逆变直流弧焊机。

3. 焊接参数

焊接低碳钢（Q235）采用酸性性焊条E4303，选用的主要焊接参数见表1—6。

表1—6　　酸性焊条灭弧焊焊接参数

焊接层次（道数）	焊条直径（mm）	焊接电流（A）	电弧电压（V）	极性
打底焊（1）	ϕ2.5	75~85	18~20	正接
盖面焊（2）	ϕ2.5	70~80	19~21	正接

焊接低合金钢（Q345）采用碱性焊条E5015选用的主要焊接参数见表1—7。

表1—7　　碱性焊条连弧焊焊接参数

焊接层次（道数）	焊条直径（mm）	焊接电流（A）	电弧电压（V）	极性
打底焊（1）	ϕ2.5	60~85	18~20	反接
盖面焊（2）	ϕ2.5	65~90	19~21	反接

二、工作程序

1. 试件打磨及清理

用角向磨光机将管件两侧坡口面及坡口边缘各20~30 mm范围以内的油、锈、污垢清除干净，使之呈现金属光泽，如图1—15所示。

2. 试件组对及定位焊

将打磨好的管件组对成Y形坡口的对接接头，始焊处的组对间隙为2.5 mm，与始焊处对称位置的间隙为2.0 mm。

用ϕ2.5 mm的焊条（Q235用E4303；Q345用E5015）定位焊接，采用两点定位，定位焊缝长度为5~10 mm，并且不能损坏坡口边缘，定位焊缝应与正式焊缝焊接质量要求一样。组对完成后的试件如图1—16所示。组对及定位焊尺寸见表1—8。

表1—8　　试件装配尺寸

错边量	定位焊缝长度	组对间隙	钝边	坡口角度
≤0.5 mm	5~10 mm	2.0~2.5 mm	1.0~1.5 mm	60°

3. 操作要领

（1）低碳钢（Q235）的焊接

1）打底焊

①采用灭弧逐点法进行焊接。由于管径小，管壁薄，焊接过程中温度上升较快，熔池温度容易过高，因此打底层焊接多采用灭弧逐点法施焊，要求熔滴给送要均匀，位置要准确，灭弧和再引燃时间要灵活、准确。

引弧与焊接：前半圈先从时钟的 6 点越过 5 ~ 10 mm 处仰焊部位起焊，沿 9 点向 12 点处焊接。用直击法或划擦法在坡口内引弧，用长弧稍作预热（注意此时不要让熔滴进入坡口），见待焊处坡口两侧出现“汗珠”状铁液时，将电弧压入坡口根部，击穿钝边后稍微停顿，至两侧铁液熔合形成熔池后迅速向前方灭弧，熔池的前沿应能看到熔孔，两侧钝边各熔化掉 0. 5 mm 左右。

第一个熔池形成后迅速灭弧，使熔池降温，待熔池变成暗红色时，在坡口内熔孔一侧位置重新将电弧引燃，将电弧压低至钝边部位，使电弧完全在坡口背面燃烧，当听到电弧击穿的声音时迅速灭弧，再从坡口内熔孔另一侧位置重新将电弧引燃向背面压送，便形成了第二个熔池，如此在熔孔的左右交替进行（目的一是减小熔池下坠，防止背面凹陷；二是可以使坡口根部击穿和熔合良好，保证正面焊缝平整），燃弧、灭弧的频率不低于 60 次/min。

起焊点要尽量薄一些，形成缓坡，以利于后半圈接头。仰焊部位焊接时电弧全部在坡口背面燃烧，熔池要重叠 1/3，焊接到立焊部位时焊条端部位置要适当后移，前后熔池要重叠 1/2，到平焊部位时前后熔池要重叠 2/3，以保证背面焊缝高度均匀、一致，正面焊缝仰低平高，为盖面焊接打好基础。如此重复，直至全道焊缝焊完。

收弧：更换焊条收弧时，要提高燃弧、灭弧的频率，将焊条快速地在熔池点二至三次，以缓降熔池的温度，之后在坡口面收弧，再次引弧焊接时即可将其熔化掉。

接头：用直击法或划擦法引弧，用长弧对待焊处稍作预热，在接头处熔池及坡口两侧出现“汗珠”状铁液时将电弧压入坡口根部，当听见电弧击穿试件根部的声音时，即可灭弧，然后进行焊接。焊至距定位焊点的缓坡前沿还有一个焊条直径的熔孔时，将电弧在熔孔四周画圆后向坡口根部压送，并稍作停顿，收口后以稍快一些的焊接速度焊过定位焊点，并在收弧前预留好缓坡。

后半圈仰焊接头位置的焊接：在前半圈焊缝起头处的缓坡处引弧预热，见待焊处坡口两侧出现“汗珠”状铁液时将电弧压入坡口根部击穿钝边，听到击穿声音时迅速灭弧，开始正常焊接，其他位置的方法均与前半圈相同。

焊接封闭接头（收口）：焊至距收口处的缓坡前沿还有一个焊条直径的熔孔

时，同样将电弧在熔孔四周画圆后向坡口根部压送，并稍作停顿，收口后以稍快一些的焊接速度焊过收弧点5～10 mm收弧。

焊条角度：如图1—19所示。图1—20所示为焊条角度的实物图。

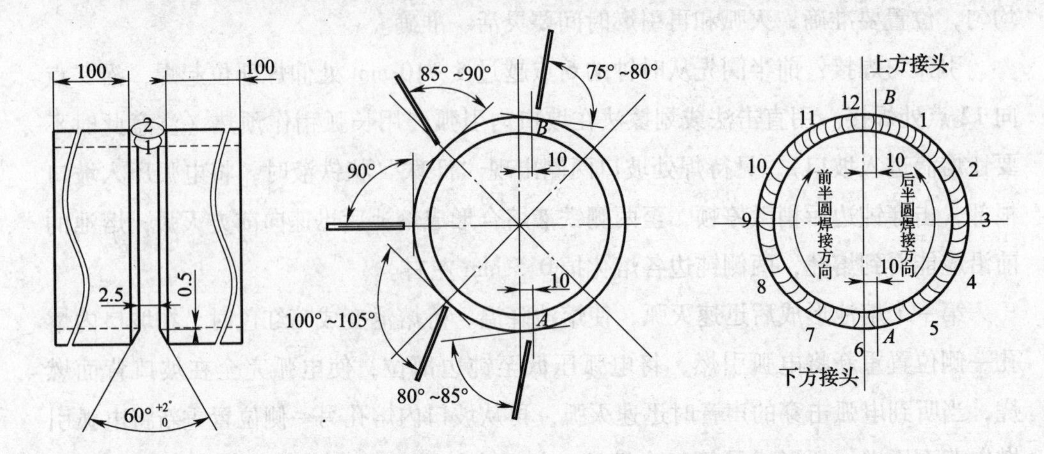

图1—19　焊条角度

图1—20　焊条角度实物图

②采用连弧焊接法进行焊接。定位焊点设定在时钟的3点和12点处，先从6点处引弧经9点到12点焊前半圈，起焊时采用划擦法在坡口内引弧，用长弧稍作预热（注意此时不要让熔滴进入坡口），见待焊处坡口两侧出现“汗珠”状铁液时将电弧压入坡口根部，击穿钝边后稍微停顿至两侧铁液熔合形成熔池后，熔池的前沿应能看到熔孔，两侧钝边各熔化掉0.5 mm左右。起焊点要尽量薄一些，形成缓坡，以利于后半圈接头。仰焊部位焊接时电弧全部在坡口背面燃烧，同时采用小步锯齿形运条，横向摆动速度要快，两侧稍作停顿。熔池要重叠1/3，焊接到立焊部位时焊条端部位置要适当后移，前后熔池要重叠1/2，到平焊部位时前后熔池要重叠2/3，以保证背面焊缝高度均匀、一致，正面焊缝仰低平高，为盖面焊接打好基础。如此重复，直至全道焊缝焊完。

收弧：当焊完一根焊条收弧前，应将焊条在熔池部位快速点焊 2 ~ 3 次，之后在坡口面收弧，再次引弧焊接时即可将其熔化掉，以此缓降熔池温度，以防止突然熄弧造成弧坑处产生缩孔、裂纹等缺陷。同时也能使收尾处形成缓坡，有利于下一根焊条的接头。

接头：用直击法或划擦法引弧，用长弧对待焊处稍作预热，在接头处熔池及坡口两侧出现“汗珠”状铁液时将电弧压入坡口根部，当听见电弧击穿试件根部的声音时，即可进行正常焊接。焊至距定位焊点的缓坡前沿还有一个焊条直径的熔孔时，将电弧在熔孔四周画圆后向坡口根部压送，并稍作停顿，收口后以稍快一些的焊接速度焊过定位焊点，并在收弧前预留好缓坡。

后半圈仰焊接头位置的焊接：在前半圈焊缝起头处的缓坡处引弧预热，见待焊处坡口两侧出现“汗珠”状铁液时将电弧压入坡口根部击穿钝边，听到击穿声音时迅速熄弧，开始正常焊接，其他位置的方法均与前半圈相同。

焊接封闭接头（收口）：焊至距收口处的缓坡前沿还有一个焊条直径的熔孔时，同样将电弧在熔孔四周画圆后向坡口根部压送，并稍作停顿，收口后以稍快一些的焊接速度焊过收弧点 5 ~ 10 mm 收弧。

焊接电流：由于采用连弧焊法，电流不宜过大，可以灭弧法时的电流稍小些。

2）盖面焊。盖面焊要求焊缝外观美观，无缺陷。盖面层施焊前，应将打底层的熔渣和飞溅清除干净，焊缝接头处打磨平整。

盖面层的前半圈为打底层焊缝的后半圈，焊缝起头和收尾部位都要超过工件中心部位 5 ~ 10 mm，在时钟的 5 点处引弧，拉过中心线 5 ~ 10 mm 位置用长弧预热，当待焊处形成熔池时，压低电弧在始焊处运条稍微快一些以形成缓坡状焊缝，有利于后半圈焊缝的接头。仰焊至立焊处采用锯齿形运条、立焊至平焊处采用月牙形运条方法连续施焊，摆动时焊条靠近坡口的一侧与坡口边缘对齐并稍作停顿，横向摆动的时间与两侧停顿的时间比例以 2∶1∶2 为佳，当熔池扩展到熔入坡口边缘 0.5 ~ 1 mm 处即可。

盖面层焊缝接头：在熔池前 10 ~ 15 mm 处引燃电弧，当电弧稳定燃烧后在熔池内侧将电弧以反划“?”号的方法进行接头，如图 1—9 所示。注意：电弧的摆动必须在熔池的边缘线内运行。

后半圈焊缝的接头在仰焊部位 5 点处引弧，拉到前半圈焊缝起头部位用长弧预热后，按照前半圈焊接方法焊至 12 点处填满弧坑收弧完成焊接。图 1—21 所示为盖面焊部分完成后的试件。

图 1—21　盖面层焊缝

(2) 低合金钢（Q345）的焊接

除焊接参数按表 1—7 选择外，其他同低碳钢（Q235）的焊接。

三、注意事项

1. 打底层焊接时应注意保持焊缝熔池形状与大小基本一致，焊接速度要均匀。

2. 焊接过程中要注意焊条角度的变化。

3. 接头方法多采用热接法，以避免背面焊缝出现冷缩孔和未焊透、未熔合等缺陷。

4. 收弧时要填满弧坑，以避免产生缩孔。

5. 在焊接盖面层之前，要仔细清理打底层焊缝的焊渣，打底层焊缝表面不平整之处要进行打磨，以保证盖面层的焊接质量。

6. 焊接结束后，要彻底清除焊缝及其附近的焊渣、飞溅物等。焊缝要保持原始状态。

技能要求 3

低碳钢或低合金钢管 45°固定加排管障碍的单面焊双面成形操作

一、工作准备

1. 试件材质及尺寸

试件材质：Q235 或 Q345。

试件尺寸：ϕ51 mm×3.5 mm×100 mm 两块。

坡口形式及尺寸：坡口形式为 V 形；坡口尺寸如图 1—22 所示。

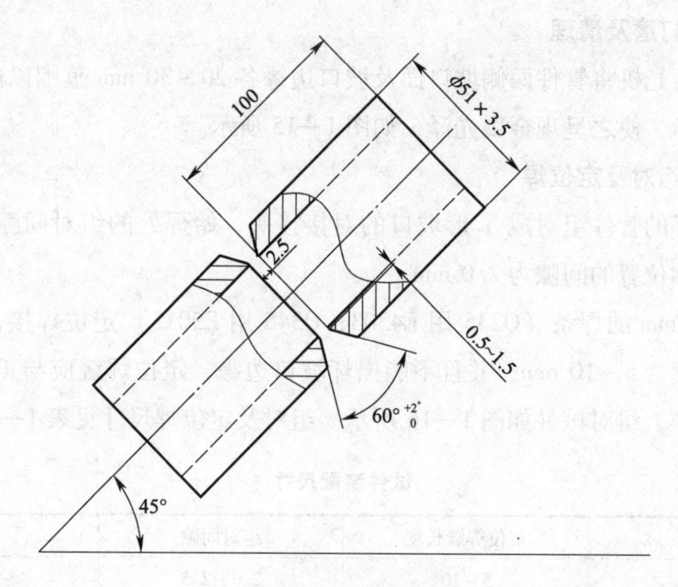

图 1—22　试件尺寸

2. 焊接材料及设备

焊接材料：E4303 焊条，75～150℃烘干 1～2 h（需要时）；E5015 焊条，使用前要进行 350～400℃烘干 1～2 h。放保温筒内随用随取。

焊接设备：选用 ZX7—400 型逆变直流弧焊机。

3. 焊接参数

焊接低碳钢（Q235）采用酸性焊条 E4303，选用的主要焊接参数见表 1—9。

表 1—9　　**酸性焊条灭弧焊焊接参数**

焊接层次（道数）	焊条直径（mm）	焊接电流（A）	电弧电压（V）	极性
打底焊（1）	ϕ2.5	75～85	18～20	正接
盖面焊（2）	ϕ2.5	70～80	19～21	正接

焊接低合金钢（Q345）采用碱性焊条 E5015，选用的主要焊接参数见表 1—10。

表 1—10　　**碱性焊条连弧焊焊接参数**

焊接层次（道数）	焊条直径（mm）	焊接电流（A）	电弧电压（V）	极性
打底焊（1）	ϕ2.5	60～85	18～20	反接
盖面焊（2）	ϕ2.5	65～90	19～21	反接

二、工作程序

1. 试件打磨及清理

用角向磨光机将管件两侧坡口面及坡口边缘各20～30 mm范围以内的油、锈、污垢清除干净，使之呈现金属光泽，如图1—15所示。

2. 试件组对及定位焊

将打磨好的管件组对成Y形坡口的对接接头，始焊处的组对间隙为2.5 mm，与始焊处对称位置的间隙为2.0 mm。

用ϕ2.5 mm的焊条（Q235用E4303；Q345用E5015）定位焊接，两点定位，定位焊缝长度为5～10 mm，并且不能损坏坡口边缘，定位焊缝应与正式焊缝焊接质量要求一样。组对试件如图1—16所示。组对及定位焊尺寸见表1—11。

表1—11　　试件装配尺寸　　mm

错边量	定位焊缝长度	组对间隙	钝边
≤0.5	5～10	2.0～2.5	1.0～1.5

3. 操作要领

（1）低碳钢（Q235）的焊接

1）打底焊。小管45°固定的位置焊接是介于水平固定与垂直固定间的焊接位置，其操作要领与水平固定和垂直固定的焊接有着很多相同和不同之处，综合了平、横、立、仰四种位置的焊接特点。

小管45°固定的焊接与水平固定一样分为前后两个半圈进行焊接，它包括了斜仰位、斜仰爬坡位、斜立位、斜立爬坡位和斜平位五种位置的焊接。

①采用灭弧逐点法进行打底层的焊接

a. 引弧与焊接。施焊时，先从6点处起焊经9点到12点的方向焊接，然后从6点经3点焊到12点位置。焊接顺序及焊条角度如图1—23所示。

先从时钟的6点处起焊，用直击法或划擦法在上坡口处引弧，用长弧稍作预热（注意此时不要让熔滴进入坡口），见待焊处坡口两侧出现“汗珠”状铁液时将电弧压至坡口钝边根部中间击穿钝边并稍微停顿，待熔滴与两侧钝边熔合并形成熔孔后迅速灭弧，这时便形成了第一个熔池，熔池的前沿可以看到两侧钝边各熔化0.5 mm左右的熔孔，下坡口熔孔应略小一些，否则容易产生焊缝偏下的现象。再从上坡口根部的熔孔处重新引弧，击穿钝边，当听到“噗噗”的击穿声音时稍作停顿，当熔滴积累至间隙的一半时迅速灭弧，看到熔池变成暗红色时，再从下坡口熔孔

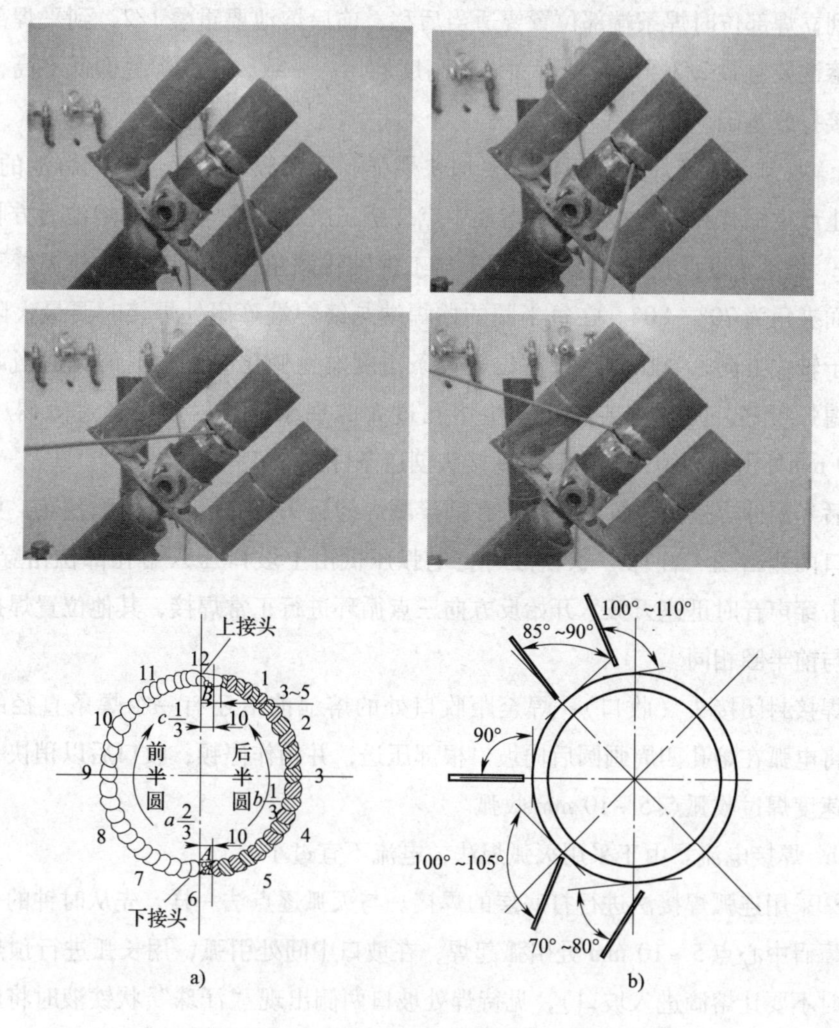

图1—23　45°固定管的焊接顺序及焊条角度

a）焊接顺序　b）焊条角度

处引弧，再引弧时，动作要快，落点要准，看到熔滴与下坡口钝边熔合后立即灭弧，便形成了第二个熔池。当形成了第三个熔池后，再返回到前第二和第三个熔池之间上部补充一点铁液（目的一是减小熔池下坠，可以使下坡口根部熔合良好并且在始焊部位形成缓坡，有利于后半圈起焊时接头；二是使焊缝上侧的焊肉低于母材表面0.5 mm左右，而坡口下侧的焊肉要低于母材表面2 mm左右，形成一个上高下低的缓坡形焊缝，为盖面焊创造好的条件）。此时形成三点循环，如此重复，直至全道焊缝焊完。燃弧、灭弧频率为60~70次/min，要注意保护好坡口外边缘线。

仰焊及仰焊爬坡部位是45°管焊接时难度最大的部位，仰焊时电弧全部在坡口背面燃烧，坡口上侧稍作停顿，下侧熔合即收弧，动作要迅速。熔池要重叠1/3，焊接到立焊部位时焊条端部位置要适当后移，前后熔池要重叠1/2，到平焊部位时前后熔池要重叠2/3，以保证背面焊缝高度均匀、一致，正面焊缝仰低平高，为盖面焊接打好基础。

b. 收弧。更换焊条收弧时，要加快燃弧、灭弧频率，缓慢降低熔池的温度，以防止产生缩孔和火口裂纹，在熔池中点二至三次之后将焊条带到熔池后方收弧。

c. 焊条角度。正常焊接位置焊条与工件轴线倾角为80°~90°，与焊缝下侧母材表面夹角为70°~80°。在每半圈的始焊端与终焊端障碍处焊接时要最大限度地垂直于轴线方向，当在障碍过渡位置焊条角度发生变化时要根据情况适当调整燃弧、熄弧频率，同时也要防止产生熔孔过大的现象，且尽量在越过障碍中心点5~10 mm处引弧和熄弧，为后半圈接头创造条件。

后半圈仰焊接头位置的焊接：在前半圈焊缝起头处的缓坡处引弧预热，见待焊处坡口两侧出现“汗珠”状铁液时将电弧压低由上坡口压入熔孔部位击穿钝边，听到击穿声音时迅速灭弧，开始反方向三点循环进行正常焊接，其他位置焊接的方法均与前半圈相同。

焊接封闭接头（收口）：焊至距收口处的熔池前沿还有一个焊条直径的熔孔时，将电弧在熔孔四周画圆后向坡口根部压送，并稍作停顿，收口后以稍快一些的焊接速度焊过收弧点5~10 mm收弧。

d. 焊接电流。由于采用灭弧焊法，电流不宜过小。

②采用连弧焊接法进行打底层的焊接。与灭弧逐点法一样，先从时钟的6点处越过障碍中心点5~10 mm处引弧起焊，在坡口中间处引弧，用长弧进行预热（注意此时不要让熔滴进入坡口），见待焊处坡口两侧出现“汗珠”状铁液时将电弧压入坡口根部击穿钝边，待熔滴铁液与钝边熔合形成熔池时将电弧移至上坡口熔孔处稍作停顿，待熔池铁液堆至间隙的一半时，再将电弧向下坡口熔孔位置移动，与之充分熔合后，迅速将电弧移动到上坡口停顿击穿钝边、积累铁液和下移电弧，铁液与下坡口充分熔合后再迅速将电弧上移，减少电弧在下坡口的停留时间，形成一个电弧移动快上慢下、电弧停顿时间上长下短的循环频率，采用斜环形运条方法进行焊接。

随着焊接位置的向上移动，焊条角度与电弧长度和熔池重叠量也要随着发生变化：在仰焊位置时，焊条端部距离钝边背面约1 mm，电弧全部在背面燃烧，熔池覆盖1/3，仰焊爬坡到达立焊时，熔池覆盖1/2，焊条与钢管垂直于轴心方向倾角为90°。上爬坡和平焊部位的焊接时，电弧继续向外延长，焊条端部离坡口底部约2 mm，熔池覆盖2/3，这时1/3左右的电弧坡口背面燃烧。上爬坡的焊条角度与管垂直于轴心方向倾角为 85°～90°，平焊时要根据障碍限制情况尽量垂直于管子轴线，并在越过中心 5～10 mm 处收弧。

后半圈仰焊接头位置的焊接：在前半圈焊缝起头处的缓坡处引弧预热，见待焊处坡口两侧出现“汗珠”状铁液时压低电弧由上坡口压入熔孔部位，听到击穿声音时，开始反方向斜环形运条进行正常焊接，其他位置的方法均与前半圈相同。

焊接封闭接头（收口）：焊至距收口处的缓坡前沿还有一个焊条直径的熔孔时，将电弧在熔孔四周画圆后向坡口根部压送并稍作停顿，以保证熔合良好，收口后以稍快一些的焊接速度焊过收弧点 5～10 mm 收弧。

（2）盖面焊。盖面层施焊前，应将封底层的熔渣和飞溅清除干净，焊缝接头处打磨平整。

引弧前先观察坡口的深度和宽度，然后从时钟的 6 点处用直击法或划擦法在上坡口处引弧，用长弧稍作预热（注意此时不要让熔滴进入坡口），见待焊处坡口两侧出现“汗珠”状铁液时将焊条压至下坡口（注意：焊条上下两侧要与上下坡口边缘线对齐，坡口每侧增宽 0.5～1 mm），越过中心线 5～10 mm 向左施焊，采用直线形运条，焊至坡口宽度的 1.5～2 倍的长度时快速将电弧向上回拉，至刚刚焊完的焊缝起头上部 3 mm 处进行排焊，直至排焊到上坡口处形成一个正三角形，然后采用斜锯齿形由三角形顶部向下斜拉至焊条下侧与下坡口边缘线对齐，熔合后立即迅速地将电弧带回上坡口稍作停顿、积累铁液后再次向下斜拉至焊条下侧与下坡口边缘线对齐，采用上快下慢的运条速度，如此重复，并在越过中心线 12 点5～10 mm位置形成倒三角形的斜坡完成前半圈的盖面焊接。

后半圈的焊接：在 6 点处仰位三角形右侧 5～10 mm 处引弧，用长弧预热三角形斜坡后，将电弧压到三角形顶部稍作停顿、积累铁液后再向下斜拉至焊条下侧与下坡口边缘线对齐，采用上快下慢的运条速度，如此重复，焊至 12 点位置形成的斜坡前用排焊方法将倒三角焊满完成前半圈的盖面焊接，如图 1—24 所示。

如果是管壁薄、坡口窄的焊缝则应采用灭弧逐点法进行盖面层的焊接。

焊前要检查打底层焊缝的清理情况和坡口宽度，确定采用一点或两点法盖面，从时钟的 6 点处用直击法或划擦法在上坡口处引弧，用长弧稍作预热（注意此时不要让熔滴进入焊缝），见待焊处出现“汗珠”状铁液时将焊条压至下坡口（注意：焊条下侧要与下坡口边缘线对齐），越过中心线 5～10 mm 向左采用断弧逐点法在封底层焊缝下部连续引弧、灭弧，送入铁液并覆盖封底焊缝的 2/3，熔合后立即灭弧。如坡口较窄采用一点法盖面时，从第三次引弧开始，都要在焊缝中间引弧并稍作停顿，观察坡口两侧各增宽0.5~1 mm，前后熔池覆盖3/4，电弧停留时间要短，做到即熔即收。如坡口较宽，则采用上下两点盖面，让下部铁液覆盖封底焊缝的2/3，让铁液覆盖下部熔池的2/3，如此重复，完成盖面层焊接。

图1—24　焊接方式

后半圈接头，接头在预热后将电弧带到预留的缓坡上部压低电弧稍作停顿，将焊条下侧拉到下坡口边缘线熔合后即收弧，按照上述方法完成焊接。图1—25所示为盖面焊部分完成后的试件。

图1—25　盖面焊完成后的试件

（2）低合金钢（Q345）的焊接

除焊接参数按表1—10选择外，其他同低碳钢（Q235）的焊接。

焊后认真清理焊道表面的焊渣及飞溅。

三、注意事项

1. 打底层焊接时应注意保持焊缝熔池形状与大小基本一致，焊接速度要均匀。

2. 焊接过程中要注意焊条角度的变化。

3. 接头方法多采用热接法，以避免背面焊缝出现冷缩孔和未焊透、未熔合等缺陷。

4. 收弧时要填满弧坑，以避免产生缩孔。

5. 在焊接盖面层之前，要仔细清理打底层焊缝的焊渣，打底层焊缝表面不平整之处要进行打磨，以保证盖面层的焊接质量。

6. 焊接结束后，要彻底清除焊缝及其附近的焊渣、飞溅物等。焊缝表面要保持原始状态。

学习单元 3　焊缝质量检查

学习目标

➢ 熟悉焊缝质量检查的项目及要求。

知识要求

一、焊缝质量检查项目及要求

低碳钢或低合金钢管焊缝质量的检查主要是指成品检查，即对焊缝缺陷的检查。它包括焊缝外观检查、焊缝内部检测和弯曲试验。应按照《特种设备焊接操作人员考核细则》进行检查。

二、外观检查

1. 检查方法

（1）采用宏观方法进行。

（2）手工焊的板材试件两端 20 mm 内的缺陷不计。

（3）焊缝的余高和宽度可用焊缝检验尺测量最大值和最小值，不取平均值。

（4）单面焊的背面焊缝宽度可不测定。

2. 检查基本要求

（1）焊缝表面应当是焊后原始状态，焊缝表面没有加工修磨或者返修。

（2）属于一个考试项目的所有试件外观检查的结果均符合各项要求，该项试件的外观检查才为合格，否则为不合格。

3. 检查内容与评定指标

检查内容包括焊缝表面缺陷、焊缝外形尺寸和试件外形尺寸，焊缝外观检查评定指标应符合《特种设备焊接操作人员考核细则》或其他行业标准要求。

焊条电弧焊管对接试件检验项目和数量见表 1—12。

表1—12　　试件检验项目、数量和试样数量

<table>
<tr><th rowspan="3">试件类别</th><th rowspan="3">试件形式</th><th colspan="2">试件厚度或管径（mm）</th><th colspan="5">检验项目</th></tr>
<tr><th rowspan="2">厚度</th><th rowspan="2">管外径</th><th rowspan="2">外观检查（件）</th><th rowspan="2">射线检测（件）</th><th colspan="3">弯曲试验（个）</th></tr>
<tr><th>面弯</th><th>背弯</th><th>侧弯</th></tr>
<tr><td rowspan="2">对接焊缝试件</td><td rowspan="2">管</td><td>—</td><td><76</td><td>3</td><td>3</td><td>1</td><td>1</td><td>—</td></tr>
<tr><td>—</td><td>≥76</td><td>1</td><td>1</td><td>1</td><td>1</td><td>—</td></tr>
</table>

注：当试件厚度大于或者等于10 mm时，可以用2个侧弯试样代替面弯与背弯试样。

三、内部检测

内部检测是检测焊缝内部的裂纹、气孔、夹渣、未焊透等缺陷，通常采用射线探伤（RT）。按照《特种设备焊接操作人员考核细则》要求，试件的射线检测应按照JB/T 4730—2005《承压设备无损检测》标准进行，射线检测技术不低于AB级，焊缝质量等级不低于Ⅱ级为合格。

四、弯曲试验

对焊工考试试件的检验一般只进行弯曲试验。弯曲试验也叫冷弯试验，是测定焊接接头弯曲时的塑性的一种试验方法，也是检验接头质量的一个方法。它是以一定形状和尺寸的试样，在室温条件下被弯曲到出现第一条大于规定尺寸的裂纹时的弯曲角度作为评定标准。冷弯试验还可反映出焊接接头各区域的塑性差别，考核熔合区的熔合质量和暴露焊接缺陷。弯曲试验分正弯、背弯和侧弯三种，可根据产品技术条件选定。背弯易于发现焊缝根部缺陷，侧弯能检验焊层与母材之间的结合强度。

冷弯角一般以180°为标准，再检查有无裂纹。当试件达到规定角度后，拉伸面上出现的裂纹长度不超过3 mm、宽度不超过1.5 mm为合格。

弯曲试验按照《特种设备焊接操作人员考核细则》和GB/T 232—2010《金属材料 弯曲试验方法》的规定进行检查。

第 4 节　不锈钢管对接水平固定、垂直固定及 45°倾斜固定的焊接

学习单元 1　不锈钢管焊条电弧焊基本知识

学习目标

➤ 熟悉不锈钢的焊条电弧焊工艺性能。

知识要求

不锈钢的焊条电弧焊工艺性能

1. 奥氏体不锈钢的焊接

奥氏体不锈钢焊接的主要问题是晶间腐蚀和热裂纹。

（1）晶间腐蚀

在焊接热循环过程中母材与焊缝金属的局部区域在危险温度范围内停留，或者母材及填充材料选择不当，或焊接工艺选择不当，给焊接接头产生晶间腐蚀创造了条件。特殊焊接产品的某些焊后热处理，也可能是引起晶间腐蚀的外因。

晶间腐蚀是奥氏体不锈钢最危险的一种破坏形式。防止焊接接头出现晶间腐蚀是非常必要的。应从焊接工艺及填充材料的选择两个方面去防止焊接接头出现晶间腐蚀。

1）在焊接工艺方面应采取的措施。采用尽可能快的焊接速度；焊条最好不作横向摆动；多道焊时，等前一道焊缝冷却到 60℃以下时，再焊下一道；与腐蚀介质接触的焊缝最后焊接等。这些措施都能减少焊接接头在危险温度范围内的停留时间，这是防止晶间腐蚀的重要工艺措施，也是焊接奥氏体不锈钢的主要工艺特点。

2）在材料的选择方面应采取的措施。首先应根据设计要求采用适当牌号的母材，必要时按设计要求对母材及焊接接头进行晶间腐蚀检验。

（2）热裂纹

当采用熔敷金属为奥氏体—铁素体双相组织的焊条焊接奥氏体不锈钢时，热裂纹倾向一般是不大的。但是有时也会出现热裂纹，其中特别是弧坑裂纹较为常见。在生产上，除了保证焊缝为双相组织外，必要时还可以采取下列措施防止热裂纹：

1）采用低氢型焊条能促使焊缝金属晶粒细化，减少焊缝中有害杂质，提高焊缝的抗裂性。

2）采取尽可能快的焊速，等待焊层冷却后再焊下一道，以减少焊缝过热，增强焊缝抗热裂纹的能力。

3）焊接结束或中断时，收弧要慢，弧坑要填满，以防止弧坑裂纹。

另外，铬镍奥氏体不锈钢的热导率较小（约为低碳钢的1/3），而线膨胀系数比低碳钢大50%（见表1—13）。因此在焊接时，奥氏体不锈钢变形倾向较大。由于铬镍奥氏体不锈钢的电阻比低碳钢大，焊接时焊条易发红，所以，奥氏体不锈钢焊条的焊接电流要比同直径的低碳钢焊条小10%～20%。同时要选择小直径焊条、小电流、快焊速、不摆动，以减小线能量，防止焊件出现大的变形。

表1—13　　18—8型不锈钢和低碳钢的物理性能比较

钢种	电阻（20℃）（μΩ）	热导率（100℃）[W/（m·K）]	线膨胀系数（$\times10^{-6}$/K）
18－8型铬镍不锈钢	72	23.934	20.1（0～100℃）
低碳钢	17	60.290	14.8（0～600℃）

2. 马氏体不锈钢的焊接

马氏体不锈钢的焊接冶金性能主要与碳含量和铬含量有关。除了超低碳复相马氏体不锈钢，常见马氏体不锈钢均有脆硬倾向，并且含碳量越高，脆硬倾向越大。超低碳复相马氏体不锈钢无脆硬倾向，并具有较高的塑韧性。对于铬含量较高的马氏体不锈钢（≥17%），奥氏体区域已被缩小，淬硬倾向较小。因此，焊接碳含量较高、铬含量较低的马氏体不锈钢时，常见问题是热影响区脆化和冷裂纹。

（1）热影响区脆化

马氏体不锈钢，尤其是铁素体形成元素含量较高的马氏体不锈钢，具有较大的晶粒长大倾向。冷却速度较小时，焊接热影响区易产生粗大的铁素体和碳化物；冷却速度较大时热影响区会产生硬化现象，形成粗大的马氏体。这些粗大的组织会使马氏体不锈钢焊接热影响区塑性和韧性降低而脆化。此外，马氏体不锈钢还具有一定的回火脆化倾向，因此，焊接马氏体不锈钢时，要严格控制冷却速度。防止热影响区脆化的措施有以下几种：

1）正确选择预热温度，预热温度不应超过 450℃，以避免产生 475℃脆化。

2）合理选择焊接材料，调整焊缝的成分，尽可能避免焊缝中产生粗大铁素体。

（2）焊接冷裂纹

马氏体不锈钢含铬量高，固溶空冷后会产生马氏体转变。焊接时近缝区和焊接热影响区的组织为硬而脆的马氏体组织。随着淬硬倾向的增大，接头对冷裂纹更加敏感，尤其当焊接接头刚度大或有氢存在时，马氏体不锈钢更易产生延迟裂纹。

对于焊接含镍较少，含铬、钼、钨或钒较多的马氏体不锈钢，焊后除了获得马氏体组织外，还形成一定量的铁素体组织。这部分铁素体组织使马氏体回火后的冲击韧性降低。在粗大铸态焊缝组织及过热区中的铁素体，往往分布在粗大的马氏体晶间，严重时可呈网状分布，这会使焊接接头对冷裂纹更加敏感。防止冷裂纹的措施有以下方面：

1）正确选择焊接材料。为保证使用性能，最好采用同质填充金属；为了防止冷裂纹，也可采用奥氏体不锈钢型填充金属。

2）焊前预热。预热是防止焊缝脆硬和产生冷裂纹的一个很有效的措施。预热温度可根据工件的厚度和刚性大小来决定，一般为 200 ~ 400℃，含碳量越高，预热温度也越高。但预热温度过高，会在接头中引起晶界碳化物沉淀和形成铁素体，对韧性不利，尤其是焊缝含碳量偏低时。这种铁素体 + 碳化物的组织，仅通过高温回火不能改善，必须进行调质处理。

3）采用较大的焊接电流，减缓冷却速度，以提高焊接热输入。

4）焊后热处理。焊后缓冷到 150 ~ 200℃，并进行焊后热处理以消除焊接残余应力，去除接头中的扩散氢，同时也可以改善接头的组织和性能。

3. 奥氏体 + 铁素体不锈钢的焊接

所谓铁素体奥氏体双相不锈钢是指铁素体与奥氏体的体积分数各占 50% 的不锈钢。它的主要特点是屈服强度可达 400 ~ 550 MPa，是普通不锈钢的两倍，因此可以节省用材，降低设备制造成本。在腐蚀性能方面，特别是在介质环境比较恶劣的条件下，双相不锈钢的耐点蚀、缝隙腐蚀、应力腐蚀及腐蚀疲劳的性能明显优于通常的 Cr - Ni 及 Cr - Ni - Mo 奥氏体型不锈钢。与此同时，双相不锈钢具有良好的焊接性，与铁素体不锈钢及奥氏体不锈钢相比，它既不像铁素体不锈钢的焊接热影响区，由于晶粒严重粗化而使塑韧性大幅度降低；也不像奥氏体不锈钢那样，对热裂纹比较敏感。

对于双相不锈钢，由于铁素体的体积分数约达 50%，因此存在高 Cr 铁素体钢所固有的脆化倾向。在 300 ~ 500℃范围内存在时间较长时，将发生“475℃脆性”

及由于 α→α′相变所引起的脆化。因此，双相不锈钢的使用温度通常低于250℃。

双相不锈钢具有良好的焊接性，尽管其凝固结晶为单相铁素体，但在一般的拘束条件下，焊缝金属的热裂纹敏感性很小，当双相组织的比例适当时，其冷裂纹敏感性也较低。但应注意，双相不锈钢中毕竟具有较多的铁素体，当拘束度较大及焊缝金属含氢量较高时，还存在焊缝氢致裂纹的危险。因此，在焊接材料选择与焊接过程中应控制氢的来源。

学习单元2　不锈钢管对接的焊接操作

学习目标

➢ 掌握不锈钢管对接的焊接操作。

技能要求1

不锈钢管对接水平固定位置加排管障碍的单面焊双面成形操作

一、工作准备

1. 试件材质及尺寸

试件材质：06Cr19Ni10。

试件尺寸：ϕ60 mm×5 mm×100 mm 两块。

坡口形式及尺寸：坡口形式为V形；坡口尺寸如图1—26所示。

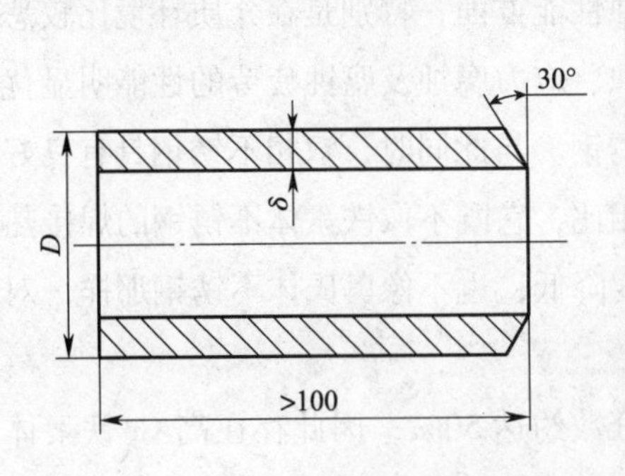

图1—26　试件尺寸

2. 焊接材料及设备

焊接材料：E308—16 焊条，75 ~ 150℃烘干 1 ~ 2 h（需要时）。放入保温筒内随用随取。

焊接设备：选用 ZX7—400 型逆变直流弧焊机。

3. 焊接参数

焊接参数见表 1—14。

表 1—14　　**焊接参数**

焊接层次（道数）	焊条直径（mm）	焊接电流（A）	焊接电压（V）	极性
打底焊（1）	ϕ2.5 mm	60 ~ 75	17 ~ 19	反接
盖面焊（1）	ϕ2.5 mm	60 ~ 80	18 ~ 20	反接

二、工作程序

1. 试件打磨及清理

试件装配前应将试件坡口内外及两侧 20 mm 范围内的油污、水分、氧化物等杂质清除干净，露出金属光泽，防止在焊接过程中产生气孔等焊接缺陷，影响焊缝质量，如图 1—27 所示。

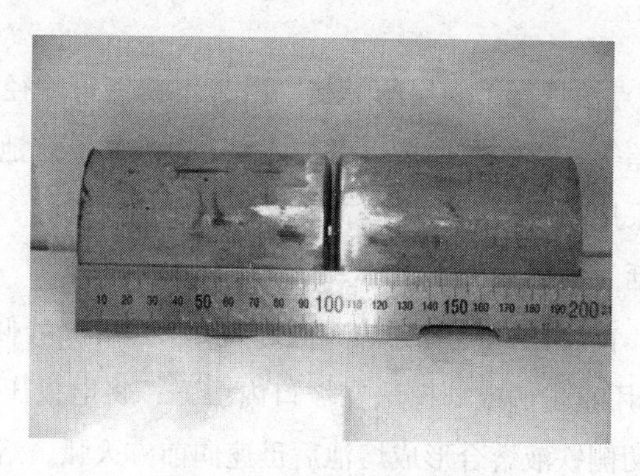

图 1—27　试件打磨及清理

2. 试件组对及定位焊

不锈钢焊接时铁液流动性大和焊缝横向收缩量大、熔池下坠倾向严重，对于钝边和间隙尺寸的要求也更加严格。

试件组对尺寸见表 1—15。组对如图 1—28 所示。

表1—15　　试件组对尺寸　　mm

错边量	定位焊缝长度	组对间隙 b	钝边 p
≤0.5	8~10	2.5~3	0.5~1

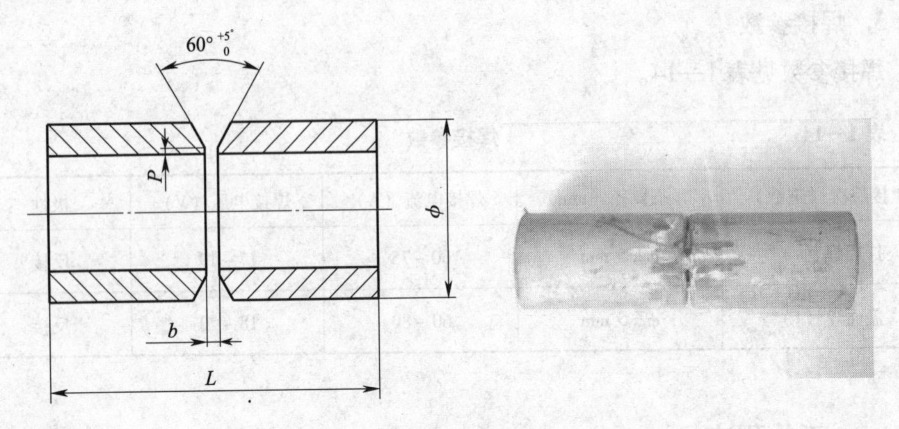

图1—28　定位焊

定位焊的焊接应在坡口内进行，定位焊缝应与正式焊缝焊接质量要求一样，定位焊缝长度为8~10 mm，并且不能在坡口以外引弧和破坏坡口边缘。定位焊为2点，分别在时钟的12点和3点处，并将定位焊焊缝两端打磨成缓坡形。

3. 操作要领

（1）打底焊

1）采用灭弧逐点法进行打底层的焊接。由于不锈钢管管径小、管壁薄、散热量小和铁液流动性差等特点，在焊接过程中温度上升较快，熔池温度容易过高，因此，打底层焊接多采用灭弧逐点法施焊，要求熔滴给送要均匀，位置要准确，灭弧和再引燃时间要灵活、准确。

①引弧与焊接。前半圈先从时钟的6点越过5~10 mm处仰焊部位起焊，沿9点向12点处焊接。用直击法或划擦法在坡口内引弧，将电弧压入坡口根部击穿钝边后稍微停顿，至两侧铁液熔合形成熔池后迅速向前方灭弧，熔池的前沿应能看到熔孔，两侧钝边各熔化0.5 mm左右。

第一个熔池形成后迅速灭弧，使熔池降温，待熔池变成暗红色时，在坡口内熔孔一侧位置重新将电弧引燃，将电弧压低至坡口底部，使电弧完全在坡口背面燃烧，当听到电弧击穿的声音时迅速灭弧，再从坡口内熔孔另一侧位置重新将电弧引燃向背面压送，便形成了第二个熔池，如此在熔孔的左右交替进行（目的一是减小熔池下坠，防止背面凹陷；二是可以使坡口根部击穿和熔合良好，保证正面焊缝平整），燃弧、灭弧的频率不低于 60 次/min。

起焊点要尽量薄一些，形成缓坡，以利于后半圈接头。仰焊部位焊接时电弧全部在坡口背面燃烧，熔池要重叠 1/3，焊接到立焊部位时焊条端部位置要适当后移，前后熔池要重叠 1/2，到平焊部位时前后熔池要重叠 2/3，以保证背面焊缝高度均匀、一致，正面焊缝仰低平高，为盖面焊接打好基础。如此重复，直至全道焊缝焊完。

②收弧。更换焊条收弧时，要提高燃弧、灭弧的频率，将焊条快速地在熔池点二至三次，之后在坡口面收弧，再次引弧焊接时即可将其熔化。

③接头。在熔池后方 5 ~ 10 mm 处用直击法或划擦法引弧，将电弧摆动到正对熔孔时压入熔孔，当听见电弧击穿试件根部的声音时，即可灭弧，然后开始正常焊接。焊至距定位焊点的缓坡前沿还有一个焊条直径的熔孔时，将电弧在熔孔四周画圆后向坡口根部压送，并稍作停顿，收口后以稍快一些的焊接速度焊过定位焊点，并在收弧前预留好缓坡。

后半圈仰焊接头位置的焊接：在前半圈焊缝起头处的缓坡处引弧，将电弧压入坡口根部击穿钝边，听到击穿声音时迅速熄弧，开始正常焊接，其他位置的方法均与前半圈相同。

焊接封闭接头（收口）：焊至距收口处的缓坡前沿还有一个焊条直径的熔孔时，同样将电弧在熔孔四周画圆后向坡口根部压送，并稍作停顿，收口后以稍快一些的焊接速度焊过收弧点 5 ~ 10 mm 收弧。

④焊接电流。由于采用灭弧焊法，不断灭弧和引弧，为了便于操作，电流不宜过小。

⑤焊条角度。焊条与工件轴心倾角 80° ~ 90°，与焊缝两侧倾角各为 90°，如图 1—29 所示。

图 1—29　焊条角度

2）采用连弧焊接法进行打底层的焊接。

①引弧与焊接。先从6点处引弧经9点到12点焊前半圈，起焊时采用划擦法在坡口内引弧，将电弧压入坡口根部击穿钝边后稍微停顿至两侧铁液熔合形成熔池，熔池的前沿应能看到熔孔，两侧钝边各熔化0.5 mm左右。起焊点要尽量薄一些，形成缓坡，以利于后半圈起焊时接头。仰焊部位焊接时电弧全部在坡口背面燃烧，同时采用小锯齿形运条，横向摆动速度要快，两侧稍作停顿。熔池要重叠1/3，焊接到立焊部位时焊条端部位置要适当后移，前后熔池要重叠1/2，到平焊部位时前后熔池要重叠2/3，以保证背面焊缝高度均匀、一致，正面焊缝仰低平高，为盖面焊接打好基础。如此重复，直至全道焊缝焊完。

②收弧、接头方法和焊接封闭接头（收口）。与灭弧逐点法的收弧与接头方法相同。

后半圈仰焊接头位置的焊接：在前半圈焊缝起头处的缓坡处引弧，将电弧压入坡口根部击穿钝边，听到击穿声音时，开始正常焊接，其他位置的方法均与前半圈相同。

③焊接电流。由于采用连弧焊法，电流不宜过大。

④焊条角度。在每半圈的始焊端与终焊端障碍处焊接时要最大限度地垂直于轴心方向。

（2）盖面焊

盖面焊要求焊缝外观美观，无缺陷。盖面层施焊前，应将封底层的熔渣和飞溅清除干净，焊缝接头处打磨平整。

前半圈焊缝起头和收尾部位相同于封底层，都要超过工件中心部位5~10 mm，在时钟的7点处引弧，拉过中心线5~10 mm位置用长弧预热，当待焊处形成熔池时，压低电弧在始焊处运条稍微快一些以形成缓坡状焊缝，有利于后半圈焊缝的接头。仰焊至立焊处采用锯齿形运条、立焊至平焊处采用月牙形运条方法连续施焊，摆动时焊条靠近坡口的一侧与坡口边缘对齐并稍作停顿，横向摆动的时间与两侧停顿的时间比例以2:1:2为佳，当熔池扩展到熔入坡口边缘0.5~1 mm处即可。

盖面层焊缝接头：在熔池前10~15 mm处引燃电弧，当电弧稳定燃烧后在熔池内侧将电弧以反划“?”号的方法进行接头，如图1—9所示。注意：电弧的摆动必须在熔池的边缘线内运行。

后半圈焊缝的接头在仰焊部位5点处引弧，拉到前半圈焊缝起头部位用长弧预热后，按照前半圈焊接方法焊至 12 点处填满弧坑收弧完成焊接。图 1—30 所示为盖面焊部分完成的试件。

图 1—30　盖面焊部分完成的试件

三、注意事项

1. 穿戴好劳保防护用品。
2. 不能损坏焊缝的表面，保持焊缝原始状态。

技能要求 2

不锈钢管对接垂直固定位置加排管障碍的单面焊双面成形操作

一、工作准备

1. 试件材质及尺寸

试件材质：06Cr19Ni10。

试件尺寸：ϕ60 mm × 5 mm × 100 mm 两块。

坡口形式及尺寸：坡口形式为 V 形；坡口尺寸如图 1—31 所示。

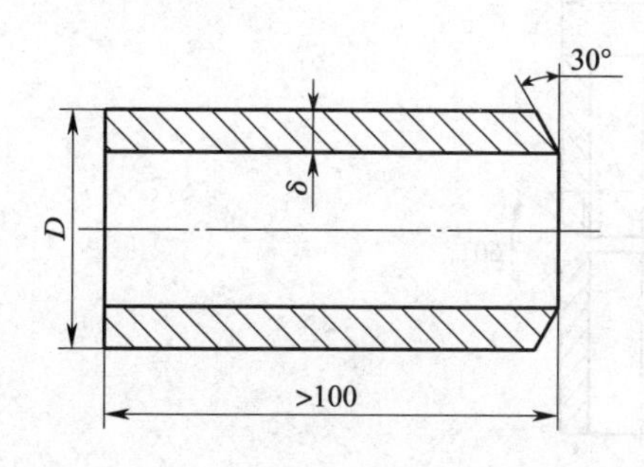

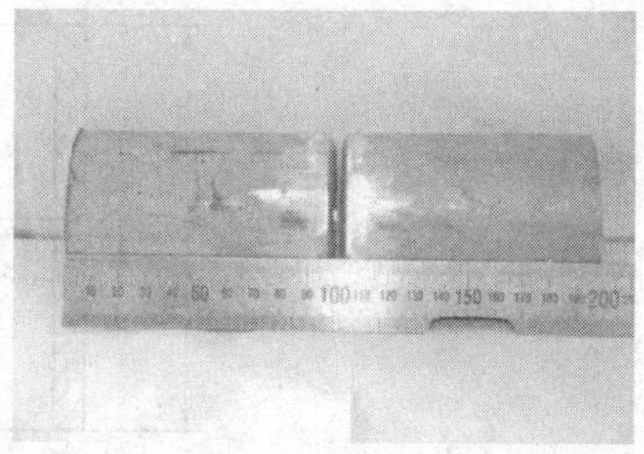

图 1—31　试件尺寸

2. 焊接材料及设备

焊接材料：E308—16（A102）焊条，75～150℃烘干1～2 h（需要时）。放入保温筒内随用随取。

焊接设备：选用ZX7—400型逆变直流弧焊机。

3. 焊接参数

焊接参数见表1—16。

表1—16　焊接参数

焊接层次（道数）	焊条直径（mm）	焊接电流（A）	焊接电压（V）	极性
打底焊（1）	ϕ2.5 mm	60～75	18～20	反接
盖面焊（2）	ϕ2.5 mm	60～70	19～21	反接

二、工作程序

1. 试件打磨及清理

试件装配前应对试件坡口内外及两侧15～20 mm范围内的表面油污、水分及氧化物等杂质清除干净，露出金属光泽，以防止在焊接过程中产生气孔等焊接缺陷，影响焊缝质量，尤其不锈钢管对于试件打磨及清理要求更加严格。

2. 试件组对及定位焊

试件组对尺寸见表1—17。

表1—17　试件组对尺寸　mm

错边量	定位焊缝长度	组对间隙 b	钝边 p
≤0.5	8～10	2.5～3.0	0.5～1.0

试件组对与定位焊如图1—32所示。

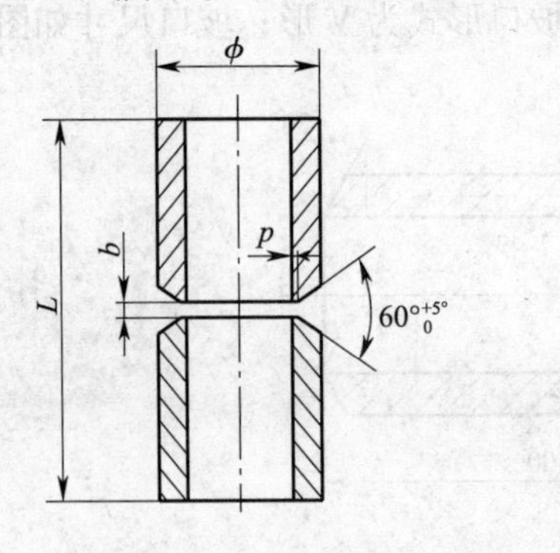

图1—32　试件定位焊

不锈钢管垂直固定焊接时铁液流动性大和熔池下坠倾向严重，对于钝边和间隙尺寸的要求也更加严格。

定位焊的焊接应在坡口内进行，定位焊焊缝应为正式焊缝，定位焊缝长度为8～10 mm，并且不能损坏坡口边缘。定位焊为2点，分别在时钟的10点和2点处，并将定位焊缝两端打磨成缓坡形。

3. 操作要领

（1）打底焊

1）采用灭弧逐点法进行打底层的焊接。由于管径小，管壁薄，焊接过程中温度上升较快，熔池温度容易过高，因此，打底焊采用灭弧逐点法施焊，要求熔滴给送要均匀，位置要准确，短弧操作，焊缝越薄越好，灭弧和再引燃时间的频率要快、灵活、准确。

①引弧与焊接。应先从时钟的6点处起焊，用直击法在上坡口处引弧，将电弧压至上坡口钝边根部击穿钝边，待熔滴与钝边堆至间隙的一半时，迅速灭弧，再次从下坡口根部重新引弧，击穿钝边使熔滴与下坡口钝边熔合，这时便形成了第一个熔池和熔孔。熔池形成后，熔池的前沿可以看到两侧钝边各熔化0.5 mm左右的熔孔，下坡口钝边应略小一些，否则容易产生焊缝偏下的现象。第一个熔池形成后迅速熄弧，使熔池降温，待熔池变成暗红色时，在上坡口熔孔位置重新将电弧引燃，压低电弧，向坡口背面压送，并稍作停顿，听到电弧击穿的声音时迅速灭弧，再从下坡口处引弧向背面压送，便形成了第二个熔池。熔池形成后迅速灭弧，在形成第三个熔池后，再返回到前第二和第三个熔池之间上部补充一点铁液（目的一是减小熔池下坠，可以使下坡口根部熔合良好和在始焊部位留下缓坡为收尾创造条件；二是使焊缝上侧的焊肉低于母材表面1 mm左右，而坡口下侧的焊肉要低于母材表面2 mm左右，形成一个上高下低的缓坡形焊缝，为盖面焊创造条件）。此时形成一个三点循环的焊接过程，如此重复，直至全道焊缝焊完。但是需要注意的是：在三点循环的焊接过程中，前两次的引弧必须在熔孔部位进行，否则会产生熔合不良或黏焊条的现象。燃弧、灭弧频率为60～70次/min，并且要注意保护好坡口外边缘线。

当在障碍过渡位置焊条角度发生变化时要根据情况适当调整燃弧、灭弧频率，同时也要防止产生熔孔过大的现象，且尽量在越过障碍中心点5～10 mm后灭弧，为接头创造条件。

②收弧。更换焊条收弧时，要加快燃弧、灭弧频率，将焊条快速地在熔池点二至三次之后将焊条带到熔池后方坡口面收弧。

2）采用连弧焊接法进行打底层的焊接。将排管障碍设为 3 点与 9 点，先从时钟的 6 点处起焊，在坡口中间处引弧，待电弧稳定后将电弧移至上坡口根部稍作停顿，并击穿钝边，当熔池铁液堆至间隙的一半时，将电弧向焊接方向的前下方约 30°位置移动，到下坡口钝边处与之充分熔合后，迅速将电弧移动到上坡口停顿击穿钝边、积累铁液，下移电弧，铁液与下坡口充分熔合后再迅速将电弧上移，形成一个电弧移动快上慢下、电弧停顿时间上长下短的循环频率，采用斜环形运条方法进行焊接。

①焊条角度。正常位置焊接时焊条与工件之间下倾角为 80°～85°，前后倾角为 90°，如图 1—33 所示。当在障碍过渡位置焊条角度发生变化时，要根据情况适当调整运条速度，且尽量越过障碍中心点 5～10 mm 后熄弧，为接头创造条件。

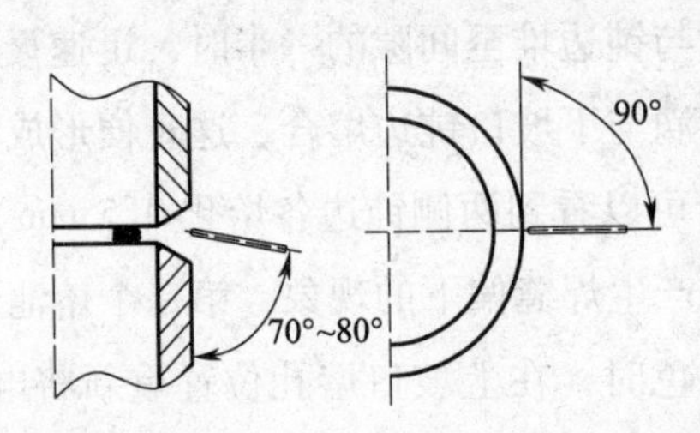

图 1—33　焊条角度

②接头。打底焊的接头方法有热接法和冷接法两种。

热接法就是更换焊条的速度和接头的动作要快。在前一根焊条焊完收弧，熔池尚未冷下来，呈红热状态时，立即在熔池后面 5～10 mm 的地方将电弧引燃，拉至正对熔孔处，预热后向熔孔部位送进，稍作停顿，当听见电弧击穿试件根部的声音时，即可进行正常焊接。

冷接法在施焊前，先将焊缝端部打磨成缓坡状，然后按热接法的接头方法进行焊接。

焊接封闭接头时，在始焊部位预留缓坡（如未预留好，可先将焊缝端部打磨成缓坡形，然后再焊），当焊到缓坡前沿还留有一个与焊条直径大小相同的熔孔时，将电弧在熔孔四周划圆后向坡口根部压送，并稍作停顿，封口后焊过缓坡 5～10 mm处，填满弧坑熄弧。

③焊接电流。采用灭弧焊法时，由于不断熄弧和引弧，为了便于操作，电流不宜过小。

当采用连弧焊法时，焊缝和母材连续受热，为防止烧穿铁液下坠，电流不宜过大。

（2）盖面焊

焊前，将上一层焊缝的熔渣及飞溅清理干净，将焊缝接头处打磨平整。然后进行焊接。

盖面分上、下两道进行焊接，焊条与工件的角度如图 1—33 所示，焊接时由下至上施焊，如图 1—34 所示。

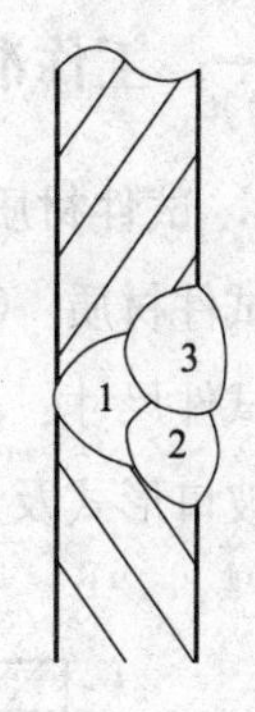

图 1—34　盖面焊

盖面层焊接时，采用直线运条法，运条要均匀，短弧操作。焊下面的焊道时，焊条下侧应对准下坡口边缘线，使熔池下沿超出坡口下边缘 0. 5 ~ 1 mm，应使盖面焊道覆盖住打底焊道的 2/3。

焊上面的盖面焊道时防止咬边和铁液下淌现象，要注意观察熔池的下边缘与下面的焊道的最高点相交，且适当减小焊接电流、增大焊接速度和适当调整焊条角度，以保证焊缝外观均匀、美观。图 1—35 所示为盖面焊完成后的试件。

图 1—35　盖面焊完成后试件

（3）焊后清理

焊后认真清理焊道表面的熔渣及飞溅。

三、注意事项

1. 穿戴好劳保防护用品。
2. 不能损坏焊缝的表面，保持焊缝原始状态。

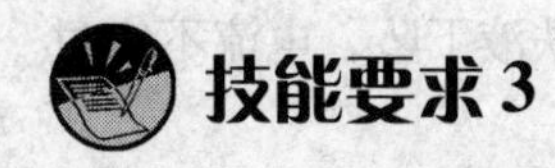

技能要求3

不锈钢管对接45°倾斜固定位置加排管障碍的单面焊双面成形操作

一、工作准备

1. 试件材质及尺寸

试件材质：06Cr19Ni10。

试件尺寸：ϕ60 mm×5 mm×100 mm两块。

坡口形式及尺寸：坡口形式为V形；坡口尺寸如图1—36所示。

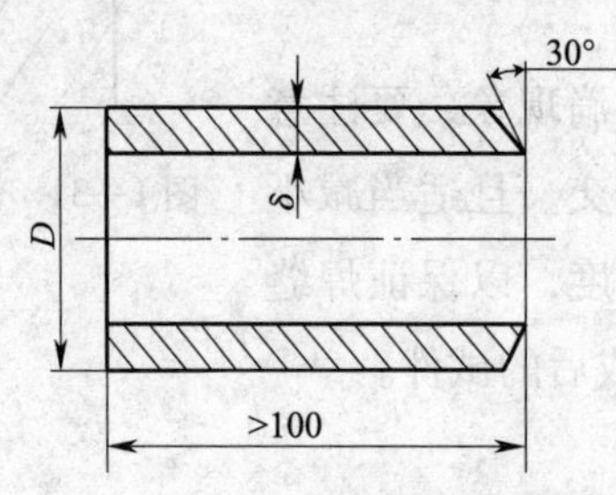

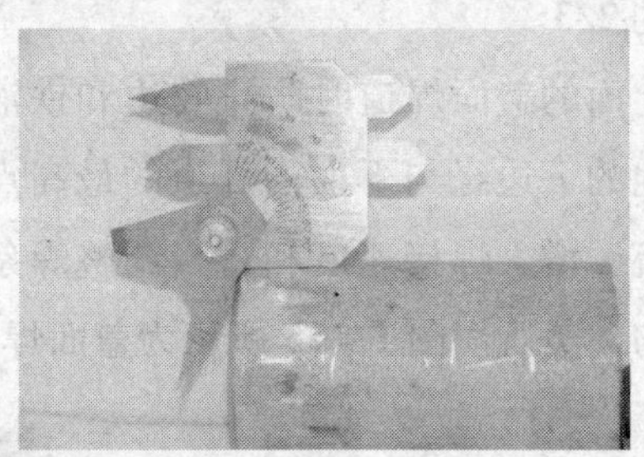

图1—36　试件尺寸

2. 焊接材料及设备

焊接材料：E347－16焊条，75～150℃烘干1～2 h（需要时）。放入保温筒内随用随取。

焊接设备：选用ZX7－400型逆变直流弧焊机。

3. 焊接参数

焊接参数见表1—18。

表1—18　　焊接参数

焊接层次（道数）	焊条直径（mm）	焊接电流（A）	焊接电压（V）	极性
打底焊（1）	ϕ2.5	60～75	17～19	反接
盖面焊（2）	ϕ2.5	60～70	17～19	反接

二、工作程序

1. 试件打磨及清理

试件装配前应将试件坡口内外及两侧20 mm范围内油污、水分、氧化物等杂质清除干净，露出金属光泽，防止在焊接过程中产生气孔等焊接缺陷，影响焊缝质量，如图 1—37 所示。

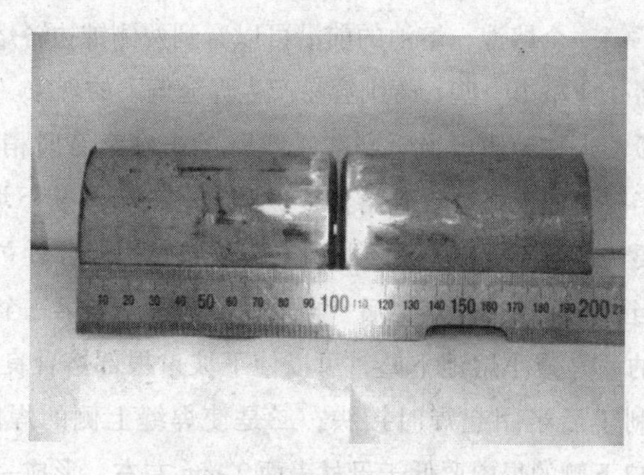

图 1—37 试件打磨及清理

2. 试件组对及定位焊

不锈钢管 45°固定焊接时铁液流动性大和熔池下坠倾向严重，对于钝边和间隙尺寸的要求也更加严格。试件组对尺寸见表 1—19，组对及定位焊如图 1—28 所示。

表 1—19 **试件组对尺寸** mm

错边量	定位焊缝长度	组对间隙 b	钝边 p
≤0.5	8～10	2.5～3.0	0.5～1.0

定位焊的焊接应在坡口内进行，定位焊焊缝应与正式焊缝焊接质量要求一样，定位焊缝长度为 8～10 mm，并且不能损坏坡口边缘。定位焊缝为两处，分别在时钟的 12 点和 3 点处，并将定位焊焊缝两端打磨成缓坡形。

3. 操作要领

（1）打底焊

小管 45°固定的位置焊接是介于水平固定与垂直固定间的焊接位置，其操作要领与水平固定和垂直固定的焊接有着很多相同和不同之处，综合了平、横、立、仰四种位置的焊接特点。

小管 45°固定的焊接与水平固定一样分为前后两个半圈进行焊接，它包括斜仰位、斜仰爬坡位、斜立位、斜立爬坡位和斜平位五种位置的焊接。

1）采用灭弧逐点法进行打底层的焊接。

①引弧与焊接。施焊时，先从 6 点处起焊经 9 点到 12 点的方向焊接，然后从 6 点经 3 点焊到 12 点位置，如图 1—23 所示。

先从时钟的6点处起焊，用直击法或划擦法在上坡口处引弧，将电弧压至坡口钝边根部中间击穿钝边并稍微停顿，待熔滴与两侧钝边熔合并形成熔孔后迅速灭弧，这时便形成了第一个熔池，熔池的前沿可以看到两侧钝边各熔化0.5 mm左右的熔孔，下坡口熔孔应略小一些，否则容易产生焊缝偏下的现象。再从上坡口根部的熔孔处重新引弧，击穿钝边，当听到“噗噗”的击穿声音时稍作停顿，当熔滴积累至间隙的一半时迅速灭弧，看到熔池变成暗红色时，再从下坡口熔孔处引弧，再引弧时，动作要快，落点要准，看到熔滴与下坡口钝边熔合后立即灭弧，便形成了第二个熔池。当形成了第三个熔池后，再返回到前第二和第三个熔池之间上部补充一点铁液（目的一是减小熔池下坠，可以使下坡口根部熔合良好并且在始焊部位形成缓坡，有利于后半圈起焊时接头；二是使焊缝上侧的焊肉低于母材表面1 mm左右，而坡口下侧的焊肉要低于母材表面2 mm左右，形成一个上高下低的缓坡形焊缝，为盖面焊创造好的条件）。此时形成三点循环，如此重复，直至全道焊缝焊完。燃弧、灭弧频率为每分钟60～70次。要注意的是：每次引弧的位置一定要在正对熔孔的位置，否则容易使熔滴短路产生焊条粘连在焊件上的现象，并且注意保护好坡口外边缘线。

仰焊及仰焊爬坡部位是45^0管焊接时难度最大的部位，仰焊时电弧全部在坡口背面燃烧，坡口上侧稍作停顿，下侧熔合即收，动作要迅速。熔池要重叠1/3，焊接到立焊部位时焊条端部位置要适当后移，前后熔池要重叠1/2，到平焊部位时前后熔池要重叠2/3，以保证背面焊缝高度均匀、一致，正面仰低平高的焊缝，为盖面焊接打好基础。

②收弧。更换焊条收弧时，要加快燃弧、灭弧频率，缓慢降低熔池的温度，以防止产生缩孔和火口裂纹，二至三次之后将焊条带到熔池后方收弧。

③焊条角度。正常焊接位置焊条与工件轴心倾角80°～90°，与焊缝下侧母材表面夹角为70°～80°。在每半圈的始焊端与终焊端障碍处焊接时要最大限度地垂直于轴心方向，当在障碍过渡位置焊条角度发生变化时要根据情况适当调整燃弧、灭弧频率，同时也要防止产生熔孔过大的现象，且尽量在越过障碍中心点5～10 mm处引弧和灭弧，为后半圈接头创造条件。

后半圈仰焊接头位置的焊接：在前半圈焊缝起头处的缓坡处引弧并将电弧压低由上坡口压入熔孔部位击穿钝边，听到击穿声音时迅速灭弧，进行反方向三点循环开始正常焊接，其他位置的方法均与前半圈相同。

焊接封闭接头（收口）：焊至距收口处的缓坡前沿还有一个焊条直径的熔孔时，同样将电弧在熔孔四周划圆后向坡口根部压送，并稍作停顿，收口后以稍快一些的焊接速度焊过收弧点5~10 mm收弧。

④焊接电流。由于采用灭弧焊法，电流不宜过小。

2）采用连弧焊接法进行小径不锈钢管45°固定对接加排管障碍打底层的焊接。与灭弧逐点法一样，先从时钟的6点处越过障碍中心点5~10 mm处引弧起焊，在坡口中间处引弧，将电弧压入坡口根部击穿钝边，待熔滴铁液与钝边熔合形成熔池时将电弧移至上坡口熔孔处稍作停顿，待熔池铁液堆至间隙的一半时，再将电弧向下坡口熔孔位置移动，与之充分熔合后，迅速将电弧移动到上坡口停顿击穿钝边、积累铁液和下移电弧，铁液与下坡口充分熔合后再迅速将电弧上移，减少电弧在下坡口的停留时间，形成一个电弧移动快上慢下、电弧停顿时间上长下短的循环频率，采用斜环形运条方法进行焊接。

随着焊接位置的向上移动，焊条角度与电弧长度和熔池重叠量也要随着发生变化：在仰焊位置时，焊条端部距离钝边背面约1 mm，电弧全部在背面燃烧，熔池覆盖1/3，仰焊爬坡到达立焊时，熔池覆盖1/2，焊条与钢管垂直于轴心方向倾角为90°。上爬坡和平焊部位的焊接时，电弧继续向外延长，焊条端部离坡口底部约2 mm，熔池覆盖2/3，这时1/3左右的电弧在坡口背面燃烧。上爬坡的焊条角度与管轴心方向倾角为85°~90°，平焊时要根据障碍限制情况尽量垂直于轴心方向，并在越过中心5~10 mm处收弧。

后半圈仰焊接头位置的焊接：在前半圈焊缝起头缓坡处引弧，摆动到正对熔孔时压低电弧，听到击穿声音时，稍作停顿静止不动，待电弧燃烧达到正常焊接弧长时开始反方向斜环形运条进行正常焊接，其他位置的方法均与前半圈相同。

焊接封闭接头（收口）：焊至距收口处的缓坡前沿还有一个焊条直径的熔孔时，将电弧在熔孔四周画圆后向坡口根部压送并稍作停顿，以保证熔合良好，收口后以稍快一些的焊接速度越过收弧点5~10 mm收弧。

（2）盖面焊

盖面层施焊前，应将打底层的熔渣和飞溅清除干净，焊接接头处打磨平整。

引弧前先观察坡口的深度和宽度，然后从时钟的6点处用直击法或划擦法在上坡口处引弧，将焊条压至下坡口越过中心线5~10 mm向左采用直线形运条，焊至坡口宽度的1.5~2倍的长度时，快速将电弧向上回拉至刚刚焊完的焊缝起头上部3 mm处进行排焊，直至排焊到上坡口处形成一个正三角形，然后采用斜锯齿形由三角形顶部向下斜拉至焊条下侧与下坡口边缘线对齐，熔合后立即迅速地将电弧带回上坡口稍作停顿、积累铁液后再次向下斜拉至焊条下侧与下坡口边缘线对齐，采用上快下慢的运条速度，如此重复，并在越过中心线12点5~10 mm位置形成倒三角形的斜坡，完成前半圈的盖面焊接。

后半圈的焊接：在6点处仰位三角形右侧5~10 mm处引弧后用长弧预热三角形斜坡，将电弧压到三角形顶部稍作停顿、积累铁液后再向下斜拉至焊条下侧与下坡口边缘线对齐，采用向上快向下慢的运条速度，如此重复，焊至12点位置形成的斜坡前用排焊方法将倒三角焊满，完成前半圈的盖面焊接，如图1—24所示。

如果是管壁薄、坡口窄的焊缝则应采用灭弧焊法进行盖面层的焊接。焊前要检查打底层焊缝的清理情况和坡口宽度，确定采用一点或两点盖面，从时钟的6点处用直击法或划擦法在上坡口处引弧，将焊条压至下坡口（注意：焊条下侧要与下坡口边缘线对齐）越过中心线5~10 mm，向左采用灭弧焊法在封底层焊缝下部连续引弧、灭弧送入铁液并覆盖封底焊缝的2/3，熔合后立即灭弧。如坡口较窄采用单点盖面时，从第三次引弧开始，都要在焊缝中间引弧并稍作停顿，观察坡口两侧各增宽0.5~1 mm，前后熔池覆盖3/4，电弧停留时间要短，做到即熔即收。如坡口较宽，则采用上下两点盖面，让下部铁液覆盖封底焊缝的2/3，让铁液覆盖下部熔池的2/3，如此重复，完成盖面层焊接。

后半圈接头，接头在预热后将电弧带到预留的缓坡上部压低电弧稍作停顿后，将焊条下侧拉到下坡口边缘线熔合后即收弧，按照上述方法完成焊接，如图1—24所示。

图1—38所示为盖面焊部分完成后的试件。

图1—38　盖面焊部分完成后的试件

三、注意事项

1. 焊后认真清理焊道表面的熔渣及飞溅。

2. 焊条上下两侧要与上下坡口边缘线对齐，坡口每侧增宽0.5~1 mm。

3. 穿戴好劳保防护用品。

4. 不能损坏焊缝的表面，保持焊缝原始状态。

学习单元 3　焊缝质量检查

学习目标

➢ 熟悉焊缝质量检查的项目及要求。

知识要求

一、焊缝质量检查项目及要求

焊缝外观检查通常包括焊缝外观尺寸检查和焊缝表面缺陷检查。焊缝外观检查一般用目测，主要检查焊缝表面缺陷，如焊接裂纹、气孔、夹渣、咬边、焊瘤、烧穿、凹坑、未熔合、未焊透等焊接缺陷。裂纹的检查应使用 5 倍放大镜并在合适的光照条件下进行，必要时可采用渗透探伤。焊缝外观尺寸的检查应使用专用量具和卡规进行。

焊缝外观检查应符合《特种设备焊接操作人员考核细则》或其他行业标准要求。

二、外观检查

1. 检查方法

（1）采用宏观方法进行。

（2）手工焊的板材试件两端 20 mm 内的缺陷不计。

（3）焊缝的余高和宽度可用焊缝检验尺测量最大值和最小值，不取平均值。

（4）单面焊的背面焊缝宽度可不测定。

2. 检查基本要求

（1）焊缝表面应当是焊后原始状态，焊缝表面没有加工修磨或者返修。

（2）属于一个考试项目的所有试件外观检查的结果均符合各项要求，该项试件的外观检查才为合格，否则为不合格。

3. 检查内容与评定指标

检查内容包括焊缝表面缺陷、焊缝外形尺寸和试件外形尺寸，焊缝外观检查评定指标应符合《特种设备焊接操作人员考核细则》或其他行业标准要求。

焊条电弧焊管对接试件检验项目和数量见表1—20。

表1—20　　试件检验项目、数量和试样数量

试件类别	试件形式	试件厚度或管径（mm）		检验项目				
				外观检查（件）	射线检测（件）	弯曲试验（个）		
		厚度	管外径			面弯	背弯	侧弯
对接焊缝试件	管	—	<76	3	3	1	1	—
		—	≥76	1	1	1	1	—

注：当试件厚度大于或者等于10 mm时，可以用2个侧弯试样代替面弯与背弯试样。

三、内部检测

内部检测是检测焊缝内部的裂纹、气孔、夹渣、未焊透等缺陷，通常采用射线探伤（RT）。按照《特种设备焊接操作人员考核细则》要求，试件的射线检测应按照JB/T 4730—2005《承压设备无损检测》标准进行，射线检测技术不低于AB级，焊缝质量等级不低于Ⅱ级为合格。

四、弯曲试验

对焊工考试试件的检验一般只进行弯曲试验。弯曲试验也叫冷弯试验，是测定焊接接头弯曲时的塑性的一种试验方法，也是检验接头质量的一个方法。它是以一定形状和尺寸的试样，在室温条件下被弯曲到出现第一条大于规定尺寸的裂纹时的弯曲角度作为评定标准。冷弯试验还可反映出焊接接头各区域的塑性差别，考核熔合区的熔合质量和暴露焊接缺陷。弯曲试验分正弯、背弯和侧弯三种，可根据产品技术条件选定。背弯易于发现焊缝根部缺陷；侧弯能检验焊层与母材之间的结合强度。

冷弯角一般以180°为标准，再检查有无裂纹。当试件达到规定角度后，拉伸面上出现的裂纹长度不超过3 mm，宽度不超过1.5 mm为合格。

按照《特种设备焊接操作人员考核细则》和GB/T 232—2010《金属材料—弯曲试验方法》的规定进行检查。

第 5 节　异种钢管对接焊接

学习单元 1　异种钢焊接的基本知识

学习目标

➢ 熟悉异种钢焊接的分类及焊接工艺。

➢ 了解异种钢的质量检验方法。

知识要求

一、概述

所谓异种金属的焊接，是指各种母材的物理常数和金属组织等性质各不相同的金属之间的焊接。金属种类繁多，性能各异，按工程实际需要，它们之间的组合极其多样。若按材料种类归纳，有如下三种组合类型：

（1）异种钢的焊接。又称异种黑色金属的焊接，如珠光体钢和奥氏体钢组合的焊接等。

（2）异种有色金属的焊接。如铜和铝组合的焊接等。

（3）钢和有色金属的焊接。如钢和铝的焊接等。

若按接头组成归纳，也可分成三种组合类型：

（1）两种不同金属母材的接头。如铜与铝的接头、钛与铝的接头等。

（2）被焊金属母材相同而采用不同的焊缝金属的接头。如用奥氏体不锈钢焊条焊接中碳调质钢的接头等。

（3）复合金属板的接头。如奥氏体不锈钢复合钢板的接头等。

异种钢的焊接是指将两种不同化学成分或组织性能的母材通过焊接连接在一起。既包括两种不同的钢材焊接，也包括两种相同钢材采用与母材金属不同的焊接材料的焊接。异种钢焊接基本上可以分为两大类：一类为金属组织相同而化学成分不同的钢的焊接，如低碳钢与低合金耐热钢的焊接，它们的热物理性能没有太大的差别；另一类为金属组织和化学成分都不相同的钢的焊接，而且热物理性能差别较大，如珠光体耐热钢与高合金铁素体－马氏体钢、珠光体耐热钢与高合金马氏体钢、珠光体耐热钢与高合金奥氏体钢的焊接。后一类焊接时出现的问题较多。

根据金相组织，钢材可以分为珠光体钢（碳钢和低合金钢）、铁素体钢和铁素体－马氏体钢（高铬钢）、奥氏体钢和奥氏体－铁素体钢（铬镍钢）三大类，见表1—21。异种钢焊接基本上就是表中三种类型的钢相互之间组合的焊接。因此可以归纳为金相组织相同仅合金化程度不同的异种钢焊接和金相组织不相同的异种钢焊接两种情况。常见组合为不同珠光体钢的焊接；不同铁素体钢、铁素体－马氏体钢的焊接；不同奥氏体钢、奥氏体－铁素体钢的焊接；珠光体钢与铁素体钢、铁素体－马氏体钢的焊接；珠光体钢与奥氏体钢、奥氏体－铁素体钢的焊接；铁素体钢、铁素体－马氏体钢与奥氏体钢、奥氏体－铁素体钢的焊接等。

表1—21　　常用于异种钢焊接结构的钢种

组织类型	类别	钢　　号
珠光体钢	Ⅰ	低碳钢：Q195，Q215，Q235，Q255，08，10，15，20，25 破冰船用低温钢、锅炉和压力容器用钢：Q245R
	Ⅱ	中碳钢和低合金钢：Q275，15Mn，20Mn，25Mn，30Mn，30，14Mn，09Mn2，15Mn2，18MnSi，25MnSi，15Cr，20Cr，30Cr，10Mn2，18CrMnTi，10CrV，20CrV
	Ⅲ	造潜艇用特殊低合金钢：AK25①，AK27①，AK28①，AJ15①
	Ⅳ	高强度中碳钢和低合金钢：35，40，45，50，55，35Mn，40Mn，45Mn，50Mn，40Cr，45Cr，50Cr，35Mn2，40Mn2，45Mn2，50Mn2，30CrMnTi，40CrMn，35CrMn2，40CrSi，35CrMn，40CrV，25CrMnSi，30CrMnSi，35CrMnSiA
	Ⅴ	铬钼热稳定钢：15CrMo，30CrMo，35CrMo，38CrMoAlA，12CrMo，20CrMo
	Ⅵ	铬钼钒、铬钼钨热稳定钢：20Cr3MoWVA，12Cr1MoV，25CrMoV
铁素体和铁素体－马氏体钢	Ⅶ	高铬不锈钢：06Cr13，12Cr13，20Cr13，30Cr13
	Ⅷ	高铬耐酸耐热钢：10Cr17，06Cr17Ti，14Cr17Ni2
	Ⅸ	高铬热强钢：1Cr12WNiMoV①，1Cr11MoV①
奥氏体和奥氏体－铁素体钢	Ⅹ	奥氏体耐酸钢：022Cr19Ni10，06Cr19Ni10，12Cr18Ni9，17Cr18Ni9，06Cr18Ni11Ti，07Cr19Ni11Ti，07Cr18Ni11Nb，06Cr17Ni12Mo2Ti
	Ⅺ	奥氏体高强度耐酸钢：0Cr18Ni12TiV，Cr18Ni22W2Ti2
	Ⅻ	奥氏体耐热钢：11Cr23Ni18，06Cr23Ni13
	ⅩⅢ	奥氏体热强钢：45Cr14Ni14W2Mo，Cr16Ni15Mo3Nb①
	ⅩⅣ	铁素体－奥氏体高强度耐酸钢：0Cr21Ni5Ti①，0Cr21Ni6Mo2Ti①，1Cr22Ni5Ti①

①为苏联钢号。

二、异种钢焊接的工艺特点

1. 异种钢焊接的难点

异种钢之间性能上的差别可能很大，与同种钢相比，异种钢焊接的困难很多，其突出的问题是焊接接头的化学成分不均匀性及由此引起的组织不均匀性和界面组织的不稳定，以及力学性能的复杂性等；不同合金组织和不同物理性能的材料组合，其接头的组织和性能因所用不同焊接方法、不同焊接材料、不同热规范以及不同热处理工艺而产生新的变化，因此给焊接工艺带来很大困难。

2. 异种钢焊接的工艺原则

为了获得满意的焊接接头，异种钢焊接时必须采取特殊的工艺措施，合理地处理焊接接头的化学不均匀性及由此引起的组织和力学性能的不均匀性、界面组织的不稳定性及应力变形的复杂性等问题。在异种钢焊接前，一般要考虑以下基本原则：

（1）焊接方法的选择

大部分焊接方法都可用于异种钢的焊接，只是在焊接参数及工艺措施方面需要考虑异种钢的特点。焊条电弧焊由于适应性强，且焊条种类多，选用较多。对于批量较大的可采用机械化的钨极或熔化极气体保护焊、埋弧焊等方法，以保证生产率高、质量稳定可靠。摩擦焊、电阻焊等压焊方法，无填充金属，生产率高，更适用于异种钢大批量焊接的流水作业，钎焊和扩散焊等方法也用于异种钢焊接，其主要用于熔焊方法不能满足要求的场合。

（2）焊接材料的选择

异种钢熔焊主要考虑的是焊缝金属的成分和性能。焊缝金属的成分取决于填充金属的成分、母材的成分及稀释率。焊缝金属的成分不均匀性，尤其是对于多层多道焊来说，每一层焊缝金属的成分都不相同。

对金属组织比较接近的异种钢接头，选择焊接材料的要点是：要求焊缝金属化学性能及耐热性能等其他性能不低于母材中性能要求较低一侧的指标。对于组织差别较大的珠光体－奥氏体异种钢接头，则应充分考虑填充金属受到稀释后接头的性能。异种钢接头焊接材料的选用主要应从以下四个方面考虑：

1）接头性能（如力学性能、耐热性、耐腐蚀性等符合母材中的一种）达到设计要求。

2）焊接材料在稀释率、熔化温度和其他物理性能等方面能保证焊接性需要。

3）在保证接头无裂纹等缺陷前提下，当强度和塑性不能兼顾时，则优先选择塑性好的焊接材料。

4）焊接材料应经济、工艺性良好、焊缝成形美观。

（3）坡口角度

坡口角度的选择主要依据母材厚度和熔合比，坡口角度越大，熔合比越小。异种钢焊接，原则上希望熔合比越小越好，以尽量减少焊缝金属的化学成分和性能的波动。

（4）焊接参数

异种钢焊接时，焊接参数的选择应以减少母材金属的熔化和提高焊缝的堆积量为主要原则。焊接参数对熔合比有直接影响，焊接热输入越大，母材熔入焊缝越多，则稀释越大。为了减少焊缝金属的稀释率，一般采用小电流和高焊接速度进行焊接。

（5）过渡层的采用

为了获得优异的异种钢焊接接头，可以在异种钢焊接前，在其中一种钢的坡口上堆焊一层适当厚度的过渡层（由于堆焊时的拘束度，拘束应力也很小），然后再将此过渡层与另一种钢焊接。这种工艺方法不仅可以基本消除扩散层，而且可以减少熔合区产生裂纹的倾向。一般来说，过渡层的厚度依照异种钢的淬硬倾向而定，对于无淬硬倾向的钢来说，过渡层厚度为5～6 mm；而对于易淬硬钢来说，则为8～9 mm。

（6）焊前预热及焊后热处理

1）预热。异种钢焊前的预热主要是降低焊接接头的淬火裂纹倾向。当被焊的异种钢中有易淬火钢时，则必须进行预热，具体的预热温度应根据焊接性差的钢种来选择。例如，在低碳钢与普通低合金钢焊接时，要根据普通低合金钢选择预热温度。如果板厚较大以及强度超过500 MPa时，均进行不低于100℃的预热。为了促进焊缝和影响区中氢的扩散逸出，并保持预热的作用，层间温度通常应等于或略高于预热温度。也应注意预热温度和层间温度不能过高，否则可能会引起焊接接头组织和性能的下降。若选用奥氏体不锈钢焊缝时，可不预热。总之，异种钢焊接时的预热温度主要由母材的淬火裂纹倾向大小和焊缝金属的合金化程度决定。除参考有关预热方法或经验公式外，在实际生产中还需要根据具体条件进行调整，甚至经过试验后才能确定。

2）焊后热处理。对异种钢焊接接头进行焊后热处理的目的是提高接头淬硬区的塑性及减小焊接应力。一般来说，当异种钢母材的金相组织相同且焊缝金属的金相组织也与母材基本相同时，可以按合金含量较高的钢种来确定热处理规范。例如，对于普通低合金钢与珠光体耐热钢的焊接接头，应按珠光体耐热钢的热处理规范，焊后必须及时进行回火热处理，对于焊后不能立即进行回火热处理的，应及时进行后热处理（加热温度 250 ~ 350℃，保温 2 ~ 6 h）。但当母材的金相组织不同时，若还按上述原则进行热处理，由于接头两侧母材的物理性能不同，有可能使接头局部应力升高而引发裂纹。对于珠光体钢与奥氏体不锈钢的焊接，如焊后进行回火热处理，则会在接头产生碳迁移现象，由此形成的硬度突变对接头工作性能是有害的。总之，异种钢焊后接头的热处理是一个比较复杂的问题，焊后是否采用热处理、选择何种热处理规范，需根据构件钢种、焊缝的合金成分和结构种类等实际情况，进行仔细分析，通过试验，才能确定。

三、珠光体钢与奥氏体不锈钢的焊接

1. 珠光体钢与奥氏体不锈钢的焊接性

当两种成分、组织性能不同的金属通过焊接而形成连续的焊接接头时，接头部位实质上是成分和组织变化的过渡区，此过渡区的性能在很大程度上决定着焊接接头的性能，为保证质量必须考虑下列问题：

（1）焊缝金属的稀释

一般情况下，选择焊材时可以根据舍夫勒组织图（见图 1—39），按照熔合比来估算，以获得纯奥氏体或奥氏体加少量铁素体组织的焊缝成分。现以 Q235 珠光体钢与 12Cr18Ni9 奥氏体不锈钢焊接为例，说明舍夫勒组织图的应用。图 1—39 中

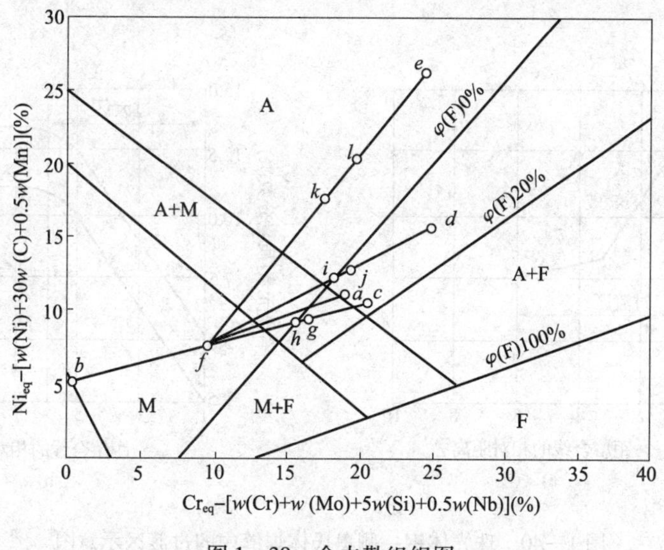

图 1—39 舍夫勒组织图

a、b 点分别为 12Cr18Ni9 和 Q235 钢的铬、镍当量值，f 点为该两种母材熔化数量相同且熔合比均为50%情况下焊缝金属的当量成分。可以看出，焊缝为马氏体组织。c、d、e 为三种不锈钢焊条 E308－16（19－10 型）、E309－16（23－13 型）和 E310－16（26－21 型）的铬、镍当量值。当两种母材的熔合比为30%～40%时，三种焊条的焊缝当量成分在图 1—39 中的位置分别为 h～g、i～j 和 k～l。由于有珠光体材料的稀释作用，h～g 两点的焊缝组织为奥氏体＋马氏体，所以 19－10 型焊条不可能满足要求，26－21 型焊条有可能因单相奥氏体组织而容易产生热裂纹，采用 23－13 型焊条，若熔合比为30%，焊缝铬和镍当量相当于图 1—39 中的 j 点，此时焊缝金属中含有体积分数为2%的铁素体组织，对抗裂性和耐蚀性均有利，所以采用 23－13 型焊条是比较合适的。

（2）过渡区形成硬化层

焊缝金属受到母材金属的稀释作用，往往会在焊接接头过热区产生脆性的马氏体组织，即在珠光体钢一侧熔合区附近形成塑性狭窄区域带。在熔池边缘部位，由于搅拌作用不足，母材稀释作用比焊缝中心更突出，铬、镍含量远低于焊缝中心的平均值，形成了所谓的过渡区。图 1—40 是珠光体钢与奥氏体钢焊接时珠光体钢一侧奥氏体焊缝中的母材熔入比例及合金元素的含量变化情况。由图 1—40 可知，焊缝靠近熔合线处的稀释率高（见图 1—40a），铬、镍含量极低（见图 1—40b）。对照舍夫勒组织图，可估算这一区域很可能是硬度很高的马氏体或奥氏体＋马氏体组织，而这种淬硬组织正是导致焊接裂纹的主要原因。

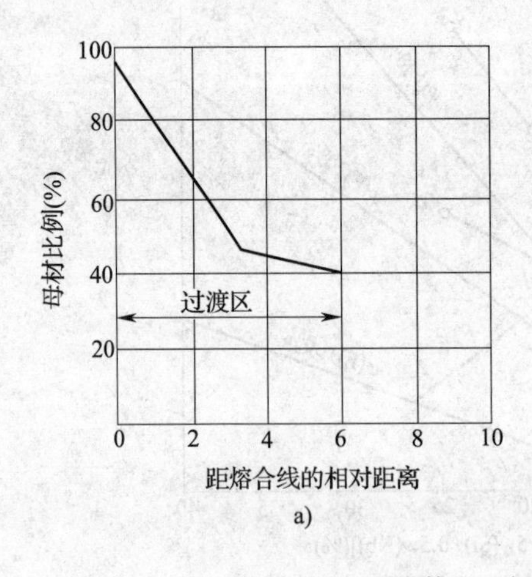

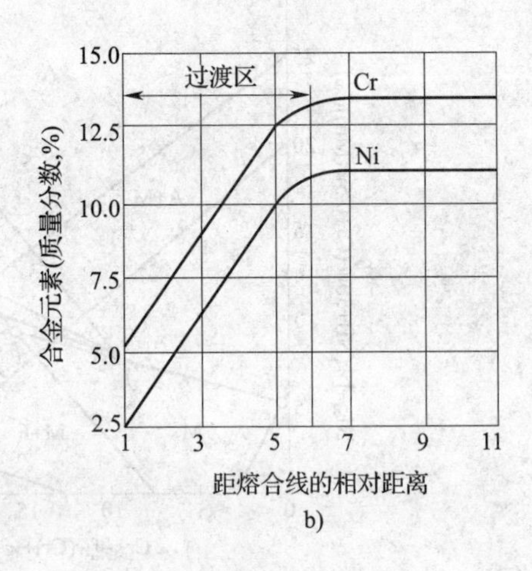

图 1—40　珠光体钢一侧奥氏体焊缝中的过渡区示意图

a）母材比例的变化　b）合金元素含量的变化

(3) 碳迁移形成扩散层

在焊接热处理或使用过程中长时间处于高温时，由于熔合线两侧的成分相差悬殊，组织亦不同，会发生某些合金元素的扩散，珠光体钢与奥氏体钢界面附近发生碳迁移，结果在珠光体钢一侧形成脱碳层，发生软化，奥氏体钢一侧形成增碳层，发生硬化。由于两侧性能相差悬殊，受力时可能引起应力集中，降低接头承载能力。

(4) 接头残余应力

除焊接时因局部加热引起焊接应力外，由于珠光体钢与奥氏体钢的线膨胀系数不同，焊后冷却时收缩量的差异，必然导致这类接头产生残余应力（热处理也难以消除），当接头工作在交变温度下，由于形成热应力或热疲劳而可能沿着珠光体钢与奥氏体钢的焊接界面产生裂纹。

2. 珠光体钢与奥氏体不锈钢的焊接工艺特点

(1) 焊接方法的选择

这类异种钢焊接时应注意选用熔合比小、稀释率低的焊接方法。如焊条电弧焊、熔化极气体保护焊都比较合适。埋弧焊则需要注意限制热输入。

(2) 焊接材料的选择

正确选择焊接材料是异种钢焊接时的关键，接头质量和性能与焊接材料关系十分密切。异种钢接头的焊缝和熔合区，由于有合金元素被稀释和碳迁移等因素的影响，存在着一个过渡区，这里不但化学成分和金相组织不均匀，而且物理性能也不同，甚至力学性能也有极大的差异，可能引起缺陷或严重降低性能，所以，必须按照母材的成分性能、接头形式和使用要求正确地选择焊接材料。

为提高焊缝金属的抗热裂性能，珠光体钢与普通奥氏体不锈钢（Cr/Ni > 1）焊接时，为避免出现热裂纹，应使焊缝中含体积分数为 3% ~7% 的铁素体组织。珠光体钢与奥氏体耐热钢（Cr/Ni < 1）焊接时，选用的焊接材料应保证焊缝中有较高抗裂性能的单相奥氏体组织或奥氏体加碳化物组织。

(3) 焊接工艺要点

1) 为了减小熔合比，应尽量选用小直径的焊条，并选用小电流、快焊速。

2) 如果珠光体钢有淬硬倾向，应适当预热，其预热温度应比珠光体钢同种材料焊接时略低一些。

学习单元2　管径≤76 mm 异种钢管对接的单面焊双面成形焊

技能要求1

异种钢管对接水平固定位置的单面焊双面成形操作

一、工作准备

1. 试件材质及尺寸

试件材质：20、06Cr19Ni10。

试件尺寸：ϕ60 mm×5 mm×100 mm 20 钢、06Cr19Ni10 不锈钢管各 1 件。

坡口形式及尺寸：坡口形式为V形；坡口尺寸如图1—41所示。

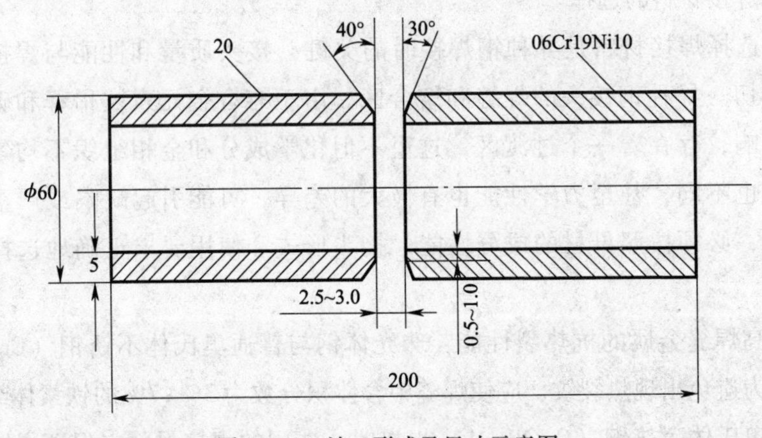

图1—41　坡口形式及尺寸示意图

2. 焊接材料及设备

焊接材料：E309－15（A307）焊条，350～400℃烘干1～2 h。放保温筒内随用随取。

焊接设备：ZX7－400。

3. 焊接参数

焊接层次、焊条直径、电弧电压、焊接电流及极性见表1—22。

表 1—22　　焊接参数

焊接层次（道数）	焊条直径（mm）	焊接电流（A）	焊接电压（V）	极性
打底焊（1）	ϕ2.5	60 ~ 85	17 ~ 20	反接
盖面焊（1）	ϕ2.5	60 ~ 80	17 ~ 20	反接

二、工作程序

1. 试件打磨及清理

试件坡口内、外壁 15 ~ 20 mm 处以内清除油、污、锈等杂质，要求呈金属光泽。

2. 试件组对及定位焊

试件定位焊采用与正式焊接相同的焊接材料，定位一点，定位焊时电弧较多的偏向 20 钢管坡口一侧。定位焊缝长 15 ~ 20 mm，定位焊缝两侧修成缓坡状。

3. 打底层

由于管径小、管壁薄，焊接过程中温度上升较快，焊道容易过高。又由于 20 钢与奥氏体不锈钢的导热性差别较大，焊接过程中为保证坡口两侧母材同时熔化，不管是打底焊还是盖面焊电弧要较多地偏向 20 钢一侧，且为减小熔合比，采用小电流和快焊速。

在焊接过程中须经过仰焊、立焊、平焊等几种焊接位置，操作比较困难，在焊接时焊条角度应随着焊接位置的不断变化而随时调整，如图 1—42 所示。

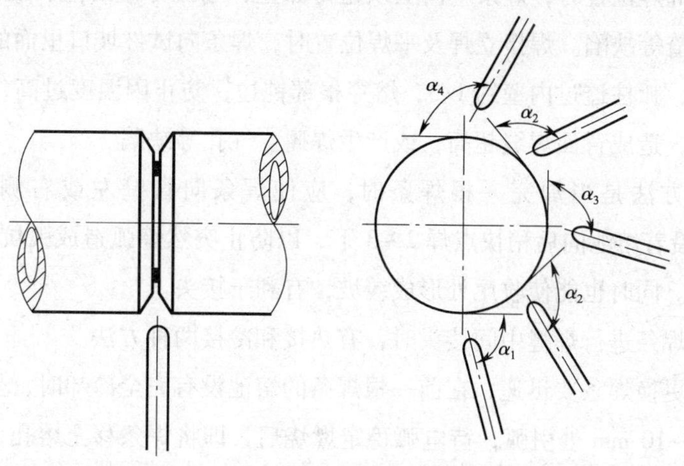

$\alpha_1 = 80° \sim 85°$；$\alpha_2 = 100° \sim 105°$；$\alpha_3 = 100° \sim 110°$；$\alpha_4 = 110° \sim 120°$

图 1—42　焊条角度

焊道分两层两道。

在打底焊时可假定沿垂直中心线将管子分成两半周，如图 1—43 所示。

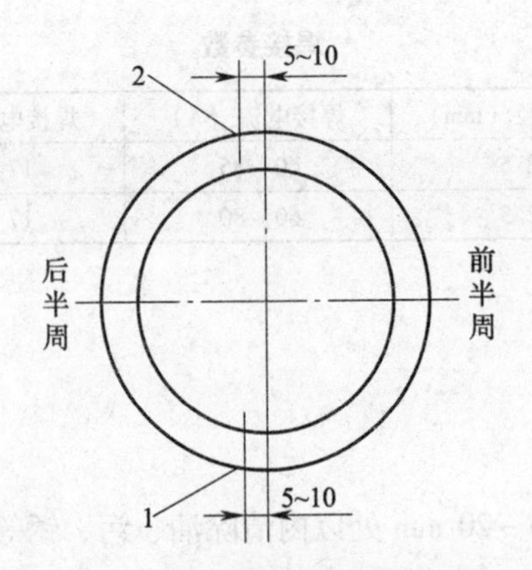

图1—43　前半周焊缝的起点和终点

1—起点　2—终点

焊前半周时，引弧和收弧部位要超过中心线5～10 mm。

焊接从仰焊位置开始，在坡口20钢一侧引弧，看到坡口两侧金属即将熔化时，焊条向根部压送，使弧柱透过内壁的1/2，熔化并击穿坡口的根部（注意电弧较多偏向20钢一侧，不管是打底焊还是盖面焊，整个焊接过程中始终如此），此时可听到背面电弧的击穿声，并形成第一个熔池；第一个熔池形成后，立即将焊条抬起熄弧，使熔池降温，待熔池变暗时，重新引弧并压低电弧向上送，形成第二个熔池，均匀的点射给送熔滴，向前施焊，如此反复。

在焊接仰焊位置时，焊条应向上顶送得深些，电弧尽量压短，防止产生内凹、未熔合、夹渣等缺陷。焊接立焊及平焊位置时，焊条向试件坡口里面的压送深度应比仰焊浅些，弧柱透过内壁约1/3，熔穿根部钝边，防止因温度过高，液态金属在重力作用下，造成背面焊缝超高，或产生焊瘤、气孔等缺陷。

收弧的方法是当焊完一根焊条时，应使焊条向管壁左或右侧回拉带弧约10 mm，或沿着熔池向后稍快点焊2～3下，以防止突然熄弧造成弧坑处产生缩孔、裂纹等缺陷。同时也能使收尾处形成缓坡，有利于接头。

在更换焊条进行焊缝中间接头时，有热接和冷接两种方法。

热接法更换焊条要迅速，在前一根焊条的熔池没有完全冷却时，呈红热状，在熔池前面5～10 mm处引弧，待电弧稳定燃烧后，即将焊条移至熔孔，将焊条稍向坡口里压送，当听到击穿声即可断弧，然后正常焊接。冷接法在施焊前，先将收弧处焊道打磨成缓坡状，然后按热接法的引弧位置、操作方法进行焊接。

在后半周焊缝施焊前，先将前半周焊缝起头处打磨成缓坡，然后在缓坡前面5～10 mm处引弧，预热施焊，焊至缓坡末端时将焊条向上顶送，待听到击穿声，根部熔透形成熔孔后，再正常施焊，其他位置焊法均同前半周。

在后半周焊缝施焊前，先把前半周焊缝收尾熄弧处打磨成缓坡，当焊至后半周焊缝与前半周焊缝接头封闭处时，将电弧略向坡口里压送并稍停顿，待根部焊透，焊过前半周焊缝 10 mm，填满弧坑后再熄弧。在施焊过程中经过定位焊缝时，将电弧稍向里压送，以较快的速度经过定位焊缝，过渡到前方坡口处进行施焊。

4. 盖面层

盖面层焊接在施焊前，应将前层的熔渣和飞溅清除干净，焊缝接头处打磨平整。前半周焊缝起头和收尾部位同封底层，都要超过管子的中心线 5 ~ 10 mm，采用锯齿形或月牙形运条方法连续施焊，但横向摆动的幅度要小，在坡口两侧略作停顿稳弧，防止产生咬边。

5. 焊后清理

焊接结束后，关闭焊机，用钢丝刷清理焊缝表面。

三、注意事项

1. 焊接过程中，要控制好电弧位置，确保坡口两侧母材同时熔化。
2. 控制层间温度不超过 100℃。

技能要求 2

异种钢管对接垂直固定位置的单面焊双面成形操作

一、工作准备

1. 试件材质及尺寸

试件材质：20、06Cr19Ni10。

试件尺寸：ϕ60 mm × 5 mm × 100 mm 20 钢、06Cr19Ni10 不锈钢管各 1 件。

坡口形式及尺寸：坡口形式为 V 形；坡口尺寸如图 1—41 所示。

2. 焊接材料及设备

焊接材料：E309 - 15（A307）焊条，350 ~ 400℃烘干 1 ~ 2 h。放保温筒内随用随取。

焊接设备：ZX7 - 400。

3. 焊接参数

焊接层次、焊条直径、电弧电压、焊接电流及极性见表 1—23。

表1—23　焊接参数

焊接层次（道数）	焊条直径（mm）	焊接电流（A）	焊接电压（V）	极性
打底焊（1）	ϕ2.5	60～85	17～20	反接
盖面焊（2）	ϕ2.5	60～80	17～20	反接

二、工作程序

1. 试件打磨及清理

试件坡口内、外壁15～20 mm处以内清除油、污、锈等杂质，要求呈金属光泽。

2. 试件组对及定位焊

装配时应保证管件轴线对正不错口。试件定位焊采用与正式焊接相同的焊接材料，定位一点，定位焊时电弧较多地偏向20钢管坡口一侧，定位焊缝长15～20 mm，且定位焊缝两侧修成缓坡状。

3. 打底层

焊接时，20钢试件处于上位。将试件横截面分为四段，如图1—44所示。*A*点为定位焊缝；*C*点为起焊点。先焊*C*—*D*—*A*位置；后焊*A*—*B*—*C*位置。同时注意各层焊接时，各个接头应互相错开。

打底层焊接采取断弧逐点焊接方法。焊条角度应保证焊条与焊接方向夹角为70°～80°，与管件轴线的垂直面夹角为10°～20°，如图1—45所示。

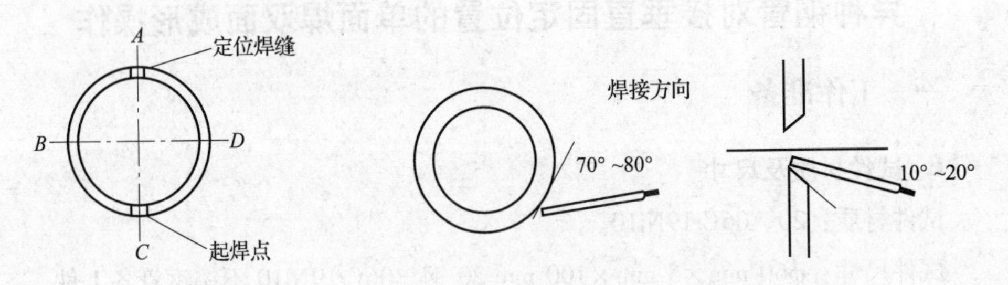

图1—44　分段焊接示意图　　图1—45　焊条角度示意图

焊条在*C*点位置用划擦法在坡口内引燃电弧后，压低电弧拉至起焊处，对准上坡口钝边处作稳弧动作，利用电弧热量击穿坡口钝边，产生熔孔形成熔池后，焊条给足一定量铁液，斜拉至下坡口钝边作稳弧动作，待下坡口钝边被击穿，产生熔孔形成完整熔池后，焊条回勾熄灭电弧。当熔池变成暗红色时，焊条在上坡口熔池2/3处引燃电弧，压低电弧横向拉动将上坡口钝边击穿，产生新熔孔形成熔池后，给足铁液，斜拉至下坡口钝边，形成完整熔池后回勾灭弧。以此方法逐点均匀运条焊接，焊接过程中电弧较多地偏向 20 钢管坡口一侧，如图 1—46 所示。

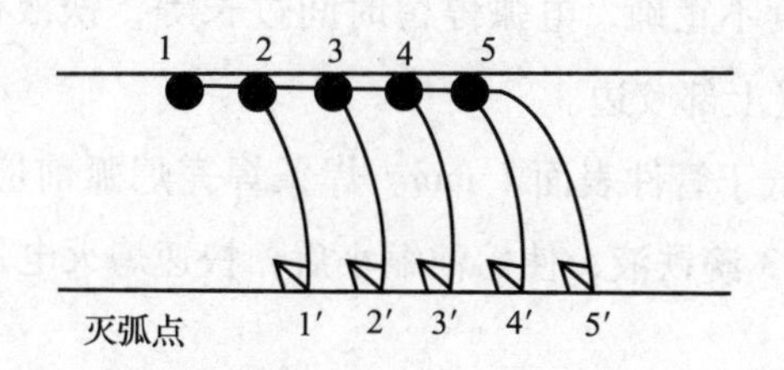

图 1—46　运条方法示意图

接头时焊条引弧点在收弧熔孔前 5 ~ 10 mm 处，电弧引燃后，压低电弧横拉到管件上坡口熔孔，稳弧时间要稍长一些，看到钝边击穿形成熔孔时给足铁液作一挤压动作，斜拉至下坡口熔孔，待钝边击穿整体熔池后，即可回勾灭掉电弧。

焊至 *A* 点位置定位焊缝时，把焊条角度调整为 90°，与管件轴线的垂直面夹角调整为 0°，焊条前端对准定位焊缝一端连弧焊接，待焊接熔池与定位焊缝一端形成整体熔池后，继续向前焊接 3 ~ 5 mm，给足铁液把弧坑填满，即可熄灭电弧。然后用同样的方法焊接 *A*—*B*—*C* 位置。打底焊焊完以后，须将坡口内熔渣、飞溅、局部铁液下垂等用扁铲修整，防止缺陷产生。

4. 盖面层

将整个盖面焊接分为两道完成。第一道焊接时，焊条引燃电弧后，压低电弧拉至管件下坡口边缘处作稳弧动作，待管下坡口边缘熔化形成熔池后，焊条斜拉锯齿形运条，以保证焊缝宽度。焊接时应注意焊条与焊接方向角度为 70° ~ 80°，与管件轴线的垂直面夹角为 10° ~ 15°。第一道焊缝应占整个焊缝宽度的 2/3，下坡口熔化要均匀一致，从而保证焊缝宽窄一样。

第二道焊接时，采用直线运条，焊条与管件轴线的垂直面夹角调整为 0°，焊接速度要快，第二道焊缝要压住熔化第一道焊缝 1/3 位置，且要保证上坡口边熔合好，不产生咬边，焊接过程中电弧较多地偏向 20 钢管坡口一侧。

接头时，焊条应在收弧点前边 10 ~ 15 mm 处引燃电弧，燃烧后压低电弧拉至收弧熔池 2/3 处，原地停留作稳弧动作，形成整体熔池后进行正常焊接。焊至起焊点焊缝收头时，焊条应焊到起焊点焊缝高点位置，作一稳弧动作给足铁液，迅速灭弧，从而保证接头不低于正常焊缝高度。

5. 焊后清理

焊接结束后，关闭焊机，用钢丝刷清理焊缝表面。

三、注意事项

（1）如果焊条角度不正确，电弧停留时间过长等，铁液极容易在焊缝背面形成下垂，产生内侧焊缝上部咬边。

（2）打底层焊缝低于管件表面1 mm。焊条焊完熄弧前应将电弧拉至下坡口，在熔池中少量填充2~3滴铁液，使熔池缩小后，快速熄灭电弧。

技能要求3

异种钢管对接45°倾斜固定位置的单面焊双面成形操作

一、工作准备

1. 试件材质及尺寸

试件材质：20、06Cr19Ni10。

试件尺寸：ϕ60 mm×5 mm×100 mm 20钢、06Cr19Ni10不锈钢管各1件。

坡口形式及尺寸：坡口形式为V形；坡口尺寸如图1—41所示。

2. 焊接材料及设备

焊接材料：E309-15（A307）焊条，350~400℃烘干1~2 h。放保温筒内随用随取。

焊接设备：ZX7-400。

3. 焊接参数

焊接层次、焊条直径、电弧电压、焊接电流及极性见表1—24。

表1—24　焊接参数

焊接层次（道数）	焊条直径（mm）	焊接电流（A）	焊接电压（V）	极性
打底焊（1）	ϕ2.5	60~85	17~20	反接
盖面焊（1）	ϕ2.5	60~80	17~20	反接

二、工作程序

1. 试件打磨及清理

试件坡口内、外壁15~20 mm处以内清除油、污、锈等杂质，要求呈金属光泽。

2. 试件组对及定位焊

试件定位焊采用与正式焊接相同的焊接材料，定位一点，定位焊时电弧较多地偏向 20 钢管坡口一侧。定位焊缝长 15～20 mm，定位焊缝两侧修成缓坡状。

3. 打底层

45°固定管子焊接位置（使 20 钢试件处于上位），它介于水平固定与垂直固定之间，它们的焊接方法有相似之处，也有不同之处。同样要考虑异种钢的焊接特点，电弧较多地偏向 20 钢管件坡口一侧（盖面焊同样）。焊接时也分成两个半圈进行，每个半圈都分为斜仰、斜立、斜平三种位置，从相当于“时钟 6 点”位置起弧，逆时针至“时钟 12 点”位置收弧。

打底层焊接采取断弧逐点焊接方法焊接，焊条角度变化如图 1—47 所示。焊条在相当于“时钟 6 点”位置引燃，拉至过中心 10 mm 处，焊条前端对准坡口间隙，在两钝边间作小的横向摆动。当钝边和焊条熔滴熔化连在一起时，焊条上送坡口底边，产生第一个熔孔，形成熔池后即可灭弧。第一个熔池变成暗红色时，焊条在坡口上侧引燃电弧，横拉至熔孔，稍作停留，击穿钝边，产生新的熔孔。形成熔池后，焊条斜拉到下坡口根部，稍作停留，击穿钝边，形成整体熔池后焊条向斜前方，迅速灭掉电弧，如此反复焊接，即形成了打底焊道。

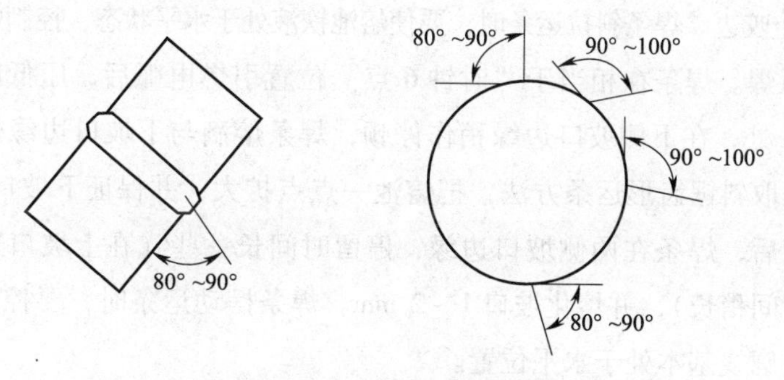

图 1—47　焊条角度示意图

接头时，焊条在弧坑前 10 mm（打底焊道）上引燃电弧，拉至上坡口熔孔，停留时间长一些，击穿钝边形成新的熔孔，产生熔池后斜拉至下坡口熔孔，稍加停留，击穿钝边形成的熔孔，形成整体熔池后灭掉电弧，开始正常焊接。

在相当于“时钟 12 点”位置接头时，焊条焊至定位焊缝坡口底部时，焊条微微下压，并稍作停留，使电弧穿透背面。待焊接熔池与定位焊缝熔合在一起时，给足铁液，连弧向前焊过中心线 10 mm 处，再熄灭电弧。

左半圈焊接方法和右半圈相同。打底层焊完以后，要认真清渣，并把局部凸出铲平，进入盖面层焊接。

4. 盖面层

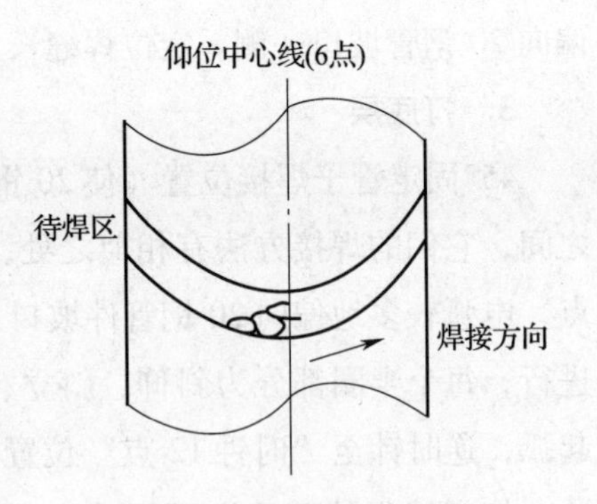

图1—48　开始部位示意图

表面焊接可采用断弧或连弧焊两种焊接方法。焊接时，焊条与试件相对位置与打底层焊相同。开始与收尾部位留出一个待焊三角区，便于接头和收尾，如图1—48所示。

（1）断弧焊接。焊条在打底焊道相当于“时钟6点”位置引燃电弧，移至过中心10 mm处，在下坡口边缘压低电弧，稍加停顿，待焊条铁液与下坡口边缘熔合在一起产生熔池后，焊条作小的斜锯齿形摆动，逐渐扩大熔池。达到焊缝宽度以后，焊条在上坡口边缘稍加停顿（比下坡口边缘停留时间稍长），焊条铁液与上坡口熔化形成整体熔池后，焊条采取月牙形运条方法，斜拉至下坡口边缘，稍加停顿，焊条铁液与下坡口熔化在一起时，迅速灭掉电弧。当熔池变成暗红色时，焊条立即在上坡口熔池处引燃，重复刚才焊接过程，斜拉至下坡口灭弧，依次循环，每个新熔池覆盖前一个熔池2/3，形成表面焊缝。焊接过程中，焊条摆动到坡口两侧时，要稍作停留，并熔化坡口边缘1～2 mm，防止咬边。焊条斜拉运条时，要使熔池铁液处于水平状态，控制焊缝成形。

（2）连弧焊。焊条在相当于“时钟6点”位置引燃电弧后，压低电弧，拉至过中心10 mm处，在下侧坡口边缘稍作停顿，焊条熔滴与下坡口边缘熔化产生熔池后，焊条采取斜锯齿形运条方法，把熔池一点点扩大，并保证下坡口边缘熔化。达到焊缝宽度后，焊条在两侧坡口边缘，停留时间长一些（在上坡口边缘比下坡口边缘停留时间稍长），并熔化坡口1～2 mm。焊条摆动运条时，要控制熔池，使熔池的上下轮廓线基本处于水平位置。

（3）收弧方法。焊条焊完或调整位置收弧时，焊条斜拉至下坡口，待下坡口边缘熔化后，焊条向熔池中少量填充2～3滴铁液，留出一个待焊三角区，熔池缩小后，迅速灭掉电弧。

（4）接头方法。仰焊、立焊位置接头时，焊条引燃后，压低电弧移动到上坡口三角区尖端，稍加停顿，上坡口边熔化形成熔池后，焊条直接从三角区尖端斜拉至坡口下部边缘，下部边缘熔化形成熔池后，进行正常焊接。

在相当于“时钟12点”位置接头时，焊条焊至三角区时，待下侧坡口边与三角区尖端熔化，形成整体熔池后，逐渐缩小熔池，填满三角区后再收弧。

5. 焊后清理

焊接结束后，关闭焊机，用钢丝刷清理焊缝表面。

三、注意事项

1. 焊接过程中应注意，在仰焊位焊条顶送深些，必须将铁液送到坡口根部，立焊、平焊位，焊条向熔池顶送浅些。

2. 焊条从上坡口向下坡口斜拉过渡时，一定要使熔池铁液呈水平状态。

3. 每次引弧时，焊条中心要对准熔池 2/3 左右，使新熔池覆盖前一个熔池 2/3 左右。收弧时，焊条向熔池中少量填充 2 ~ 3 滴铁液，熔池缩小后再灭掉电弧。

学习单元 3　焊缝质量检查

学习目标

➤ 熟悉焊缝质量外观检查方法、检查基本要求、检查内容及评定指标。

知识要求

一、检查方法

1. 采用宏观（目视或者 5 倍放大镜等）方法进行。

2. 焊缝的余高和宽度可用焊缝检验尺测量最大值和最小值，不取平均值。

3. 单面焊的背面焊缝宽度可不测定。

二、检查基本要求

1. 焊缝表面应当是焊后原始状态，焊缝表面没有加工修磨或者返修。

2. 属于一个考试项目的所有试件外观检查的结果均符合各项要求，该项试件的外观检查为合格，否则为不合格。

三、检查内容与评定指标

1. 焊缝表面

（1）各种焊缝表面不得有裂纹、未熔合、夹渣、气孔、焊瘤和未焊透。

（2）手工焊焊缝表面的咬边和背面凹坑不得超过表 1—25 的规定。

表1—25　　试件焊缝表面缺陷规定

缺陷名称	允许的最大尺寸
咬边	深度大于或者等于0.5 mm，焊缝两侧咬边总长度不得超过焊缝长度的10%
背面凹坑	（1）当$T \leq 5$ mm时，深度不大于25% T，且不大于1 mm （2）当$T > 5$ mm时，深度不大于20% T，且不大于2 mm （3）除仰焊位置的板材试件不作规定外，总长度不超过焊缝长度的10%

注：表中T为试件厚度。

2．焊缝外形尺寸

焊缝的外形尺寸应当符合表1—26和焊缝边缘直线度$f \leq 2$ mm的要求。

表1—26　　试件焊缝外形尺寸　　mm

焊缝余高		焊缝余高差		焊缝宽度	
平焊	其他位置	平焊	其他位置	比坡口每侧增宽	宽度差
0～3	0～4	≤2	≤3	0.5～2.5	≤3

第2章

熔化极气体保护焊

第1节 熔化极气体保护焊的相关知识

学习单元1 熔化极气体保护焊

学习目标

- 掌握熔化极气体保护焊的工作原理、分类、特点。
- 掌握熔化极活性气体保护焊的特点、分类及工艺参数。

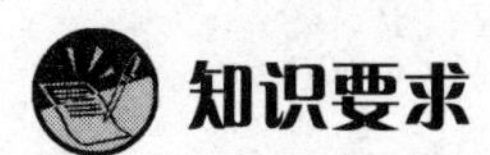

知识要求

一、熔化极气体保护焊

1. 概念及工作原理

熔化极气体保护电弧焊（英文简称 GMAW）是利用可熔化的焊丝与被焊工件之间的电弧作为热源来熔化焊丝和母材金属，并向焊接区输送保护气体，使电弧、熔化的焊丝、熔池及附近的母材金属免受周围空气的有害作用形成熔池和焊缝的焊接方法，如图2—1所示。连续送进的焊丝金属不断熔化并过渡到熔池，与熔化的母材金属熔合形成焊缝金属，从而使工件相互连接起来。由于熔化极气体保护焊对焊接区的保护简单、方便，焊接区便于观察，焊枪操作方便，生产效率高，易进行全位置焊接，易实现机械化和自动化，因此在实际生产中被广泛地采用。

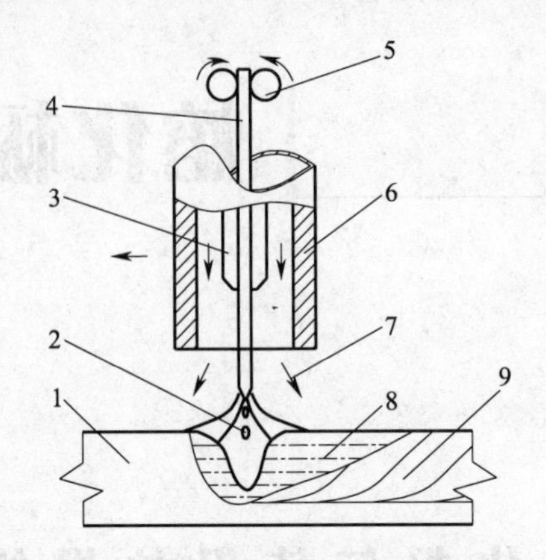

图2—1　熔化极气体保护电弧示意图

1—母材　2—电弧　3—导电嘴　4—焊丝　5—送丝轮

6—喷嘴　7—保护气体　8—熔池　9—焊缝金属

2. 分类

由于不同种类的保护气体及焊丝对电弧状态、电气特性、热效应、冶金反应及焊缝成形等有着不同影响，因此，根据保护气体的种类和焊丝类型分成不同的焊接方法。

（1）根据保护气体种类的不同进行分类，如图2—2所示。

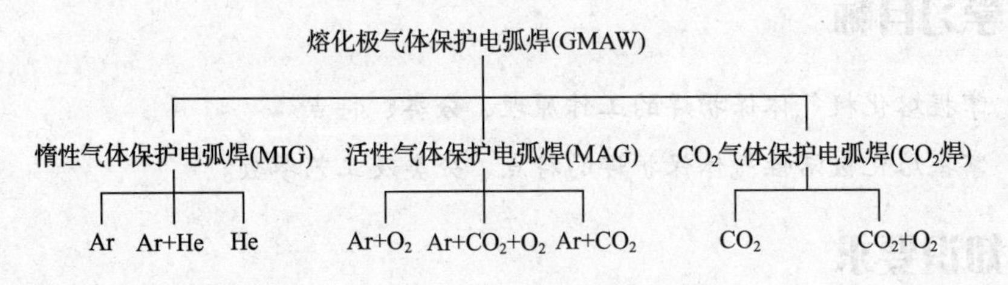

图2—2　熔化极气体保护电弧焊分类图

（2）按操作方式分为自动焊和半自动焊两大类。焊丝的送给和焊枪的移动都是自动的为自动焊；送丝送气是自动的，而焊枪的移动是手动的，称为半自动焊。

（3）按焊接电源分为直流和脉冲两大类。其中脉冲电流熔化极气体保护焊是在一定平均电流下，焊接电源的输出电流以一定的频率和幅值变化来控制熔滴，有节奏地过渡到熔池；可在平均电流小于临界电流值的条件下获得射流过渡，稳定地实现一个脉冲过渡一个（或多个）熔滴的理想状态—熔滴过渡无飞溅，并具有较宽的电流调节范围，适合板厚 $\delta \geq 1.0$ mm 工件的全位置焊接，尤其对那些热敏感性较强的材料，可有效地控制热输入量，改善接头性能。由于脉冲电弧具有较强的熔池搅拌作用，可以改变熔池冶金性能，有利于消除气孔、未熔合等焊接缺陷。

3. 特点

熔化极气体保护焊与焊条电弧焊和埋弧焊相比较，在工艺上、生产率与经济效益等方面有着下列特点：

（1）优点

1）与焊条电弧焊相比其优点有：

①焊接效率高。气体保护焊在通常情况下不需要采用管状焊丝，所以焊接过程没有熔渣，焊后不需要清渣，省掉了清渣的辅助工时，降低了焊接成本；连续送丝，没有更换焊条工序，节省时间；通过焊丝的电流密度大，提高了熔敷速度。

②可以获得含氢量较焊条电弧焊低的焊缝金属。

③在相同的焊接电流下，熔深比焊条电弧焊的大。

④焊接厚板时，可以用较低的焊接电弧和较快的焊接速度，其焊接变形小。

⑤烟雾少，可以减轻对通风要求。

⑥易实现机械化和自动化。

2）与埋弧自动焊相比其优点有：

①明弧焊接，焊接过程中电弧及熔池的加热熔化情况清晰可见，便于发现问题与及时调整，故焊接过程与焊缝质量易于控制。

②适用范围广，可以进行全位置焊接。埋弧焊只能在平焊、横焊位置焊接。

③无须清渣，可以用更窄的坡口间隙，实现窄间隙焊接，节省填充金属和提高生产率。

（2）缺点

1）受环境制约，为了确保焊接区获得良好的气体保护，在室外操作需有防风装置。

2）半自动焊枪比焊条电弧焊焊钳重，不轻便、操作灵活性较差。对于狭小空间的接头，焊枪不易接近。

3）焊接时采用明弧和使用的电流密度大，电弧光辐射较强。

4）设备较复杂，对使用和维护要求较高。

4. 适用范围

（1）焊材方面

适用于焊接大多数金属和合金，最适于焊接碳钢和低合金钢、不锈钢、耐热合金、铝及铝合金、铜及铜合金以及镁合金。

对于高强度钢、超强铝合金、锌含量高的铜合金、铸铁、奥氏体锰钢、钛和钛合金及高熔点金属，熔化极气体保护焊要求将母材预热和焊后热处理，采用特制的焊丝，控制保护气体要比正常情况更加严格。

对低熔点的金属如铅、锡和锌等，不宜采用熔化极气体保护焊。表面包覆这类金属的涂层钢板也不适宜采用这类焊接方法。

（2）材料厚度方面

可焊接的金属厚度范围很广，最薄约1 mm，最厚几乎没有限制。

（3）焊接位置方面

熔化极气体保护焊适应性较好，可以进行全位置焊接，其中以平焊位置和横焊位置焊接效率最高，其他焊接位置的效率也比焊条电弧焊高。

5. 设备的组成和工作原理

熔化极气体保护焊设备可分为半自动焊和自动焊两种类型。图2—3为半自动熔化极气体保护电弧焊全套设备的示意图，主要由焊接电源、焊枪、送丝机、供气系统、冷却系统和控制系统组成。

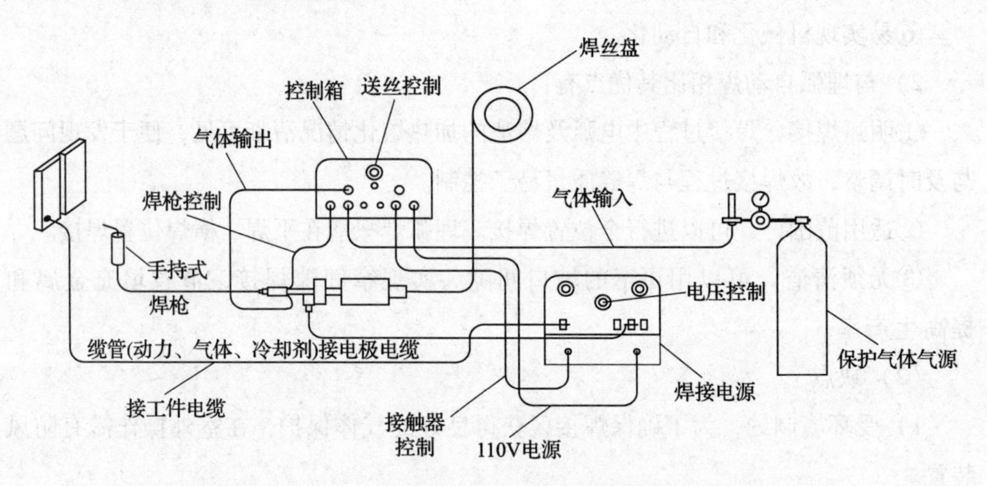

图2—3　半自动熔化极气体保护电弧焊设备示意图

自动焊增加行走机构，它和焊枪及送丝机组合成焊接小车（机头）。

焊接电源提供焊接过程所需要的能量，维持焊接电弧的稳定燃烧；送丝机将焊丝从焊丝盘中拉出并将其送给焊枪；焊丝通过焊枪时，通过与铜导电嘴的接触而带电，导电嘴将电流由焊接电源输送给电弧；供气系统提供焊接时所需要的保护气体，将电弧、熔池保护起来；如果采用水冷焊枪，还要配有冷却水系统；控制系统主要是控制和调整整个焊接程序：开始和停止输送保护气体和冷却水，启动和停止焊接电源接触器，以及按要求控制送丝速度和焊接小车行走方向、速度等。

（1）焊接电源

熔化极气体保护焊通常采用直流焊接电源，目前生产中使用较多的是弧焊整流器式直流电源。近年来，逆变式弧焊电源发展也较快。焊接电源的额定功率取决于各种用途所要求的电流范围。熔化极气体保护焊所要求的电流通常为 100 ~500 A，特种应用达 1 500 A。电源的负载持续率在 60% ~100% 范围，空载电压在 55 ~85 V 范围。

1）焊接电源的外特性。熔化极气体保护焊的焊接电源按外特性类型可分为三种：平特性、陡降特性和缓降特性。

当保护气体为惰性气体（如纯 Ar）、富 Ar 和氧化性气体（如 CO_2），焊丝直径小于 ϕ1.6 mm 时，在生产中广泛采用平特性电源。这是因为平特性电源配合等速送丝系统具有许多优点，可通过改变电源空载电压调节电弧电压，通过改变送丝速度来调节焊接电流，故焊接规范调节比较方便。使用这种外特性电源，当弧长变化时可以有较强的自调节作用；同时短路电流较大，引弧比较容易。

当焊丝直径较粗（大于 ϕ2 mm）时，生产中一般采用下降特性电源，配用变速送丝系统。由于焊丝直径较粗，电弧的自身调节作用较弱，弧长变化后恢复速度较慢，单靠电弧的自身调节作用难以保证稳定的焊接过程。因此，需要外加电弧电压反馈电路，将电弧电压的变化及时反馈到送丝控制电路，调节送丝速度，使弧长能及时恢复。

2）电源输出参数的调节。熔化极气体保护焊电源的主要技术参数有输入电压、额定焊接电流范围、额定负载持续率（%）、空载电压、负载电压范围、电源外特性曲线类型等。通常要根据焊接工艺的需要确定对焊接电源技术参数的要求，然后选用能满足要求的焊接电源。

①电弧电压。电弧电压是指电弧两端的电压降。对于等速送丝电弧焊，采用平或缓降外特性的电源，调节电弧电压是通过改变电源外特性来实现；对于变速送丝电弧焊，采用陡降外特性的电源，调节电弧电压是通过调节送丝给定电压（平均送丝速度）来实现。

②焊接电流。平特性电源的电流大小主要通过调节送丝速度来实现，有时也适当调节空载电压来进行电流的少量调节；对于缓降或陡降特性电源则主要通过调节电源外特性斜率来实现。

（2）送丝系统

1）组成。送丝系统通常是由送丝机构（包括电动机、减速器、校直轮、送丝轮等）、送丝软管、焊丝盘等组成。

工作时，盘绕在焊丝盘上的焊丝先经过校直轮校直后，再经过安装在减速器输出轴上的送丝轮，最后经过送丝软管送向焊枪，如图2—4所示。

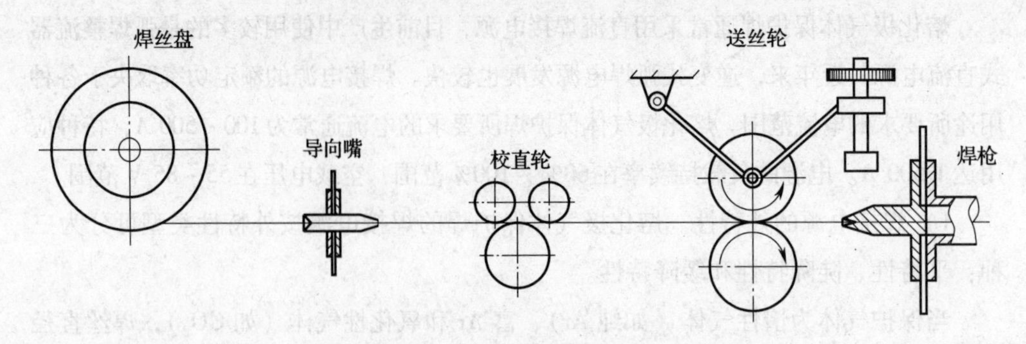

图2—4 送丝机构示意图

2）送丝系统类型。根据送丝方式的不同，送丝系统可分为三种类型，如图2—5所示。

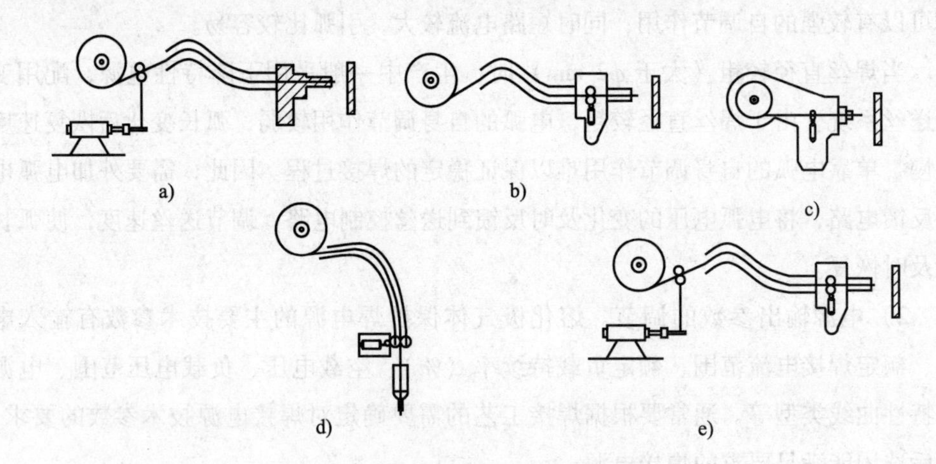

图2—5 送丝方式示意图

a）推丝式 b）、c）、d）拉丝式 e）推拉丝式

①推丝式。推丝式是焊丝被送丝轮推送经过软管而达到焊枪，是半自动熔化极气体保护焊的主要送丝方式。这种送丝方式的焊枪结构简单、轻便、操作维修都比较方便，缺点是焊丝送进的阻力较大。随着软管的加长，送丝稳定性变差。广泛应用于焊丝直径为0.8～2.0 mm、一般送丝软管长为3.5～4 m的半自动熔化极气体保护焊中，如图2—5a所示。

②拉丝式。拉丝式可分为三种形式。

一种是将焊丝盘和焊枪分开，两者通过送丝软管连接。这种形式比较方便。

另一种是将焊丝盘直接安装在焊枪上。这种形式适用于细丝半自动焊，使用焊丝直径小于或等于 0. 8 mm，送丝较稳定，但焊枪较重。

第三种是不但焊丝盘与焊枪分开，而且送丝电动机与焊枪也分开，常用于自动熔化极气体保护焊中。如图 2—5b、c、d 所示。

③推拉丝式。这种送丝系统中同时有推丝机和拉丝机，这种送丝方式的送丝软管最长可以加长到 15 m 左右，扩大了半自动焊的操作距离。但结构复杂，实际应用不多，如图 2—5e 所示。焊丝前进时既靠后面的推力，又靠前边的拉力，利用两个力的合力来克服焊丝在软管中的阻力。推拉丝两个动力在调试过程中要有一定配合，尽量做到同步。焊丝送进过程中，始终要保持焊丝在软管中处于拉直状态。这种送丝方式常被用于半自动熔化极气体保护焊。

（3）焊枪

熔化极气体保护焊焊枪的作用是传导焊接电流、导送焊丝和保护气体。按其用途可分为半自动焊焊枪（手握式）和自动焊焊枪（安装在机械装置上）两种。

1）对焊枪性能的要求。

①焊丝能均匀连续地从导电嘴内孔通过，导电嘴的导电性能要好，耐磨、熔点高。根据焊丝尺寸和磨损情况可以更换。

②喷嘴应与导电嘴绝缘，而且根据需要可方便地更换。

③焊枪必须有冷却措施，因为焊接电流通过导电嘴等部件时产生的电阻热和电弧辐射热，会使焊枪发热。

④焊枪结构应紧凑、便于操作。尤其手握式焊枪，应轻便灵活。

2）结构。手握式焊枪用于半自动焊，常用的有：

鹅颈式：适于小直径焊丝，轻巧灵便，特别适合结构紧凑、难以达到的拐角处和某些受限制区域的焊接，如图 2—6 所示。

手枪式：适合于较大直径焊丝，它对于冷却效果要求较高，因而常采用内部循环水冷却。

半自动焊焊枪可与送丝机构装在一起，也可分离。

焊枪内的冷却方式有：气冷、水冷。

气冷和水冷的选择主要取决于保护气体种类、焊接电流大小和接头形式。在容量相同的情况下，水冷焊枪比气冷焊枪重。

自动焊的焊枪多用水冷式。

自动焊焊枪的基本构造与半自动焊焊枪相同，如图 2—7 所示。但其载流容量较大，工作时间较长，有时要采用内部循环水冷却。焊枪直接装在焊接机头的下部，焊丝通过送丝轮和导丝管送进焊枪。

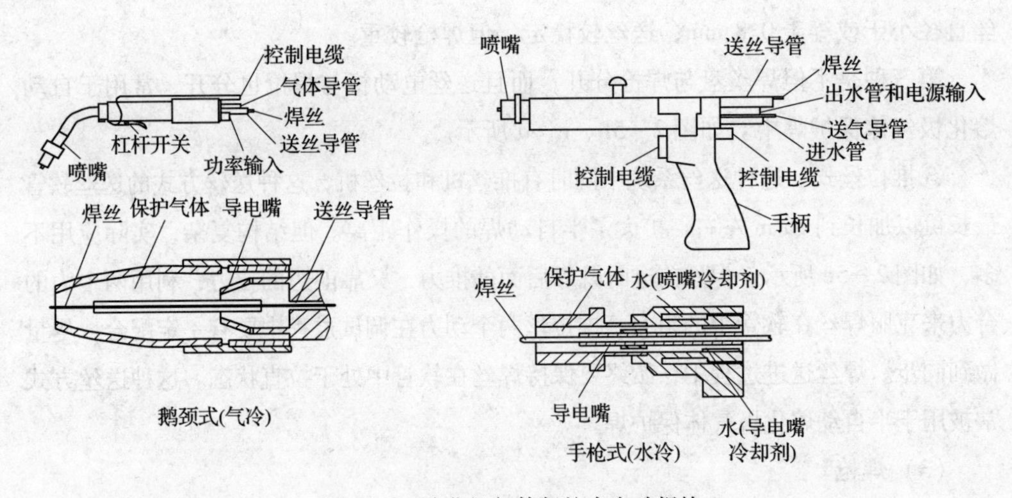

图 2—6　熔化极气体保护半自动焊枪

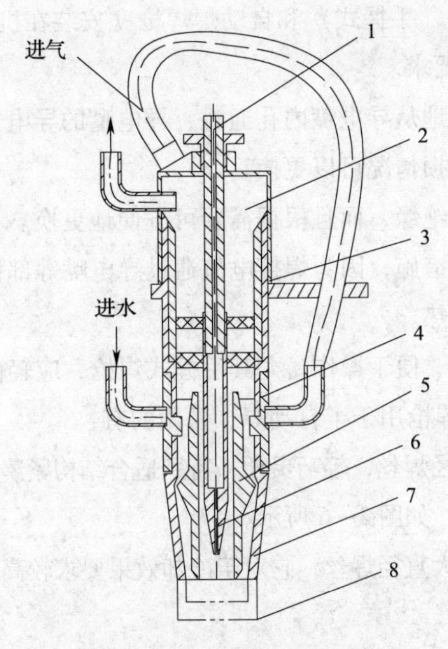

图 2—7　自动焊枪结构示意图

1—铜管　2—镇静室　3—导流体　4—铜筛网

5—分流套　6—导电嘴　7—喷嘴　8—帽盖

（4）供气系统和冷却水系统

1）供气系统。供气系统由气源（高压气瓶）、减压阀、流量计（见图 2—8）和电磁或机械气阀组成。

供气系统通常与钨极氩弧焊相似，对于熔化极活性气体保护焊还需要安装气体混合装置，先将气体混合均匀，然后再送入焊枪。

图 2—8　流量计

不同气瓶的外表颜色及标注的字样也不同，见表 2—1。

表 2—1　　　　**各种气瓶的外表颜色及字样**

序号	气瓶名称	化学式	外表面颜色	字样	字样颜色	色环
1	氢	H_2	深绿	氢	红	$P=14.7$ MPa，不加色环 $P=19.6$ MPa，黄色环一道 $P=29.4$ MPa，黄色环二道
2	氧	O_2	天蓝	氧	黑	$P=14.7$ MPa，不加色环 $P=19.6$ MPa，白色环一道 $P=29.4$ MPa，白色环二道
3	氨	NH_3	黄	液氨	黑	
4	氯	$C1_2$	草绿	液氯	白	
5	空气		黑	空气	白	$P=14.7$ MPa，不加色环 $P=19.6$ MPa，白色环一道 $P=29.4$ MPa，白色环二道
6	氮	N_2	黑	氮	黄	$P=14.7$ MPa，不加色环 $P=19.6$ MPa，白色环一道 $P=29.4$ MPa，白色环二道
7	二氧化碳	CO_2	铝白	液化二氧化碳	黑	$P=14.7$ MPa，不加色环 $P=19.6$ MPa，黑色环一道

2）水冷系统。用水冷式焊枪，必须有水冷系统，一般由水箱、水泵和冷却水管及水压开关组成。水箱里的冷却水经水泵流经冷却水管，经水压开关后流入焊枪，然后经冷却水管再回流入水箱，形成冷却水循环。水压开关的作用是保证当冷却水未流经焊枪时，焊接系统不能启动焊接，以保护焊枪，避免由于未经冷却而烧坏。

（5）控制系统

熔化极气体保护电弧焊的控制系统由基本控制系统和程序控制系统组成。

1）基本控制系统。基本控制系统主要包括焊接电源输出调节系统、送丝速度调节系统、小车（或工作台）行走速度调节系统和气体流量调节系统等。

基本控制系统的作用是在焊前或焊接过程中调节焊接电流或电压、送丝速度、焊接速度和气流量的大小。

2）程序控制系统。程序控制系统的主要作用是：

①控制焊接设备的启动和停止。

②控制电磁气阀动作，实现提前送气和滞后停气，使焊接区受到良好保护。

③控制水压开关动作，保证焊枪受到良好的冷却。

④控制引弧和熄弧。

⑤控制送丝和小车（或工作台）移动（自动焊时）。

程序控制是自动的。半自动焊焊接启动开关装在手把上。当焊接启动开关闭合后，整个焊接过程按照设定的程序自动进行。程序控制的控制器由延时控制器、引弧控制器、熄弧控制器等组成。

程序控制系统将焊接电源、送丝系统、焊枪和行走系统、供气和冷却水系统有机地组合在一起，构成一个完整的、自动控制的焊接设备系统。除程控系统外，高档焊接设备还有参数自动调节系统。其作用是当焊接工艺参数受到外界干扰而发生变化时可自动调节，以保持有关焊接参数的恒定，维持正常稳定的焊接过程。

二、熔化极活性气体保护焊

1. 概念

利用活性气体（如 $Ar+O_2$，$Ar+CO_2$，$Ar+CO_2+O_2$等）作为保护气体的熔化极气体保护电弧焊方法，称为熔化极活性气体保护焊法（简称 MAG 焊）。即所用保护气体为惰性气体加少量氧化性气体（O_2、CO_2或其混合气体）混合而成。因保护气体具有氧化性，所以常用于黑色金属材料的焊接。在惰性气体中混合少量氧化性气体的目的是在基本不改变惰性气体电弧基本特性的条件下，以进一步提高电弧稳定性，改善焊缝成形，降低电弧辐射强度。

2. 常用气体

根据加入活性气体的种类不同，熔化极活性气体保护焊有三种：

$Ar+O_2$：由于氧是表面活性元素，能降低液体金属的表面张力，降低临界电流，细化熔滴尺寸，故焊缝成形良好。焊接不锈钢时，含氧量为 1% ~5%；焊低碳钢和低合金钢时，含氧量可达 20%。

$Ar+CO_2$：加入 $CO_2 \leqslant 15\%$ 时，它的作用与加入 2% ~5% 的 O_2 相似；加入 $CO_2 > 25\%$ 时，其特点与纯 CO_2 相似，但飞溅减少。这种活性气体保护焊主要用于低碳钢、低合金钢，也可焊不锈钢，但应注意在焊接超低碳不锈钢时要防止焊缝增碳。

$Ar+CO_2+O_2$：适量加入 CO_2+O_2，焊缝成形、接头质量、熔滴过渡、电弧稳定性都比上述两种混合气体保护焊效果好。主要应用在焊接低碳钢与低合金钢。

3. 特点

MAG 焊可采用短路过渡、喷射过渡和脉冲喷射过渡进行焊接，具有稳定的焊接工艺性能和质量优良的焊接接头。

在焊接中使用氧化性混合气体作保护气体有如下效果：

提高熔滴过渡的稳定性；稳定阴极斑点，提高电弧燃烧的稳定性；改善焊缝形状及外观；增大电弧的热功率；控制焊缝的冶金，减少焊接缺陷；降低焊接成本。

4. 应用

可用于空间各种位置的焊接，尤其适用于碳钢、合金钢和不锈钢等黑色金属的焊接。

5. 焊接参数

（1）内容

焊接电流、极性、电弧电压、焊接速度、焊丝伸出长度、焊丝倾角、焊接接头位置、焊丝直径、保护气体成分和流量。

对这些参数控制的目的是为了获得质量良好的焊缝。这些参数并不是完全独立的，改变某一个参数就要求同时改变另一个或另一些参数。这些参数之间要相互匹配，以便获得优良的焊接质量。

影响焊接参数的因素有母材成分、焊丝成分、焊接位置、质量要求。

因此，对于每一种情况，为获得优良的焊接质量，焊接参数的搭配可能有几种方案，而不是唯一的。

（2）选择原则

1）焊接电流。焊接电流是最重要的焊接参数。实际焊接过程中，应根据工件厚度、焊接方法、焊丝直径、焊接位置来选择焊接电流。当用等速送丝式焊机焊接时，焊接电流是通过送丝速度来调节的。

当所有其他参数不变时，送丝速度增加，焊接电流也随之增大，同时熔化速度以更高的速度增加，这种非线性关系将继续增大。这是由于焊丝伸出长度的电阻热引起的。

当所有其他参数不变时，焊接电流增加将引起如下的变化：增加焊缝的熔深和熔宽、提高熔敷率、增大焊道的尺寸。低碳钢熔化极氩弧焊的典型焊接电流范围见表2—2。

表2—2　　低碳钢熔化极氩弧焊的典型焊接电流范围

焊丝直径（mm）	焊接电流（A）	熔滴过渡方式	焊丝直径（mm）	焊接电流（A）	熔滴过渡方式
1.0	40~150	短路过渡	1.6	270~500	射流过渡
1.2	80~180		1.2	80~220	脉冲射流过渡
1.2	220~350	射流过渡	1.6	100~270	

另外，脉冲喷射过渡焊是熔化极气体保护焊工艺的一种形式。脉冲电流的平均值可以在小于或等于连续直流焊的临界电流值的条件下得到射流过渡，减小脉冲平均电流，则电弧力和焊丝熔敷率也减小，所以可用于全位置焊和薄板焊接。同样还可以用较粗的焊丝，在低电流下获得稳定的脉冲喷射过渡，从而有利于降低成本。

2）极性。熔化极气体保护焊大多采用直流反接。因为直流反接时，电弧稳定，熔滴过渡平稳，飞溅较少，焊缝成形较好，并且在较宽的电流范围内熔深较大。

直流正接很少采用。因为不采取特殊的措施就不可能实现轴向喷射过渡。直流正接焊丝的熔敷率较高，但因熔滴过渡呈不稳定的大滴过渡形式，实际上难以采用。为此，焊接时向氩气保护气体中加入氧气超过5%或者使用含有电离剂的焊丝来改善熔滴过渡。在这两种情况下，熔敷率下降，而失去了改变极性的优越性。然而，直流正接已在表面工程中得到一些应用。

如果使用交流电，电流的周期变化使其在交流过零时电弧熄灭，造成电弧不稳。尽管对焊丝进行处理后可以有一定改善，但是提高了成本。故熔化极气体保护焊一般不使用交流电源。

3）电弧电压。当其他参数保持不变时，电弧电压与弧长成正比关系。在实际焊接生产中一般都要求给出电弧电压值。电弧电压的给定值决定于焊丝材料、保护气体和熔滴过渡形式等。

电弧电压主要影响熔宽，对熔深的影响很小。在电流一定的情况下，当电弧电压增加时焊道成形宽而平坦，电压过高时，将会产生气孔、飞溅和咬边。当电弧电压降低时，将会使焊道变成窄而高，熔深减小，电压过低时将产生焊丝插桩现象。

4）焊接速度。焊接速度是指电弧沿焊接接头运动的线速度。

焊接速度是重要焊接参数之一。焊接速度要与焊接电流适当配合才能得到良好的焊缝成形。其他条件不变时，中等焊接速度熔深最大，焊接速度降低时，则单位长度焊缝上的熔敷金属量增加。在很慢的焊接速度时，焊接电弧冲击熔池，这样不但直接影响了生产率，还会降低有效熔深，焊道也将加宽。相反，焊接速度提高时，在单位长度焊缝上由电弧传给母材的热能上升。这是因为电弧直接作用于母材。但是当焊接速度进一步提高时，单位长度焊缝上向母材过渡的热能减少，则母材的熔化是先增加后减少，导致熔宽、熔深减小，产生咬边、未熔合等缺陷。当焊接速度更高时，还会产生驼峰焊道，这是液态金属熔池较长而发生失稳导致的结果。

自动熔化极氩弧焊的焊接速度一般为 25 ~ 150 m/h；半自动熔化极氩弧焊的焊接速度一般为 5 ~ 60 m/h。

5）焊丝伸出长度。焊丝伸出长度是指导电嘴端头到焊丝端头的距离，如图 2—9 所示。随着焊丝伸出长度的增大，焊丝的电阻也增大。电阻热引起焊丝的温度升高，使焊丝的熔化率增大。当焊丝伸出长度过大时，将使焊丝的指向性变差和焊道成形恶化。短路过渡时合适的焊丝伸出长度是 6 ~ 13 mm，其他熔滴过渡形式为 13 ~ 25 mm。

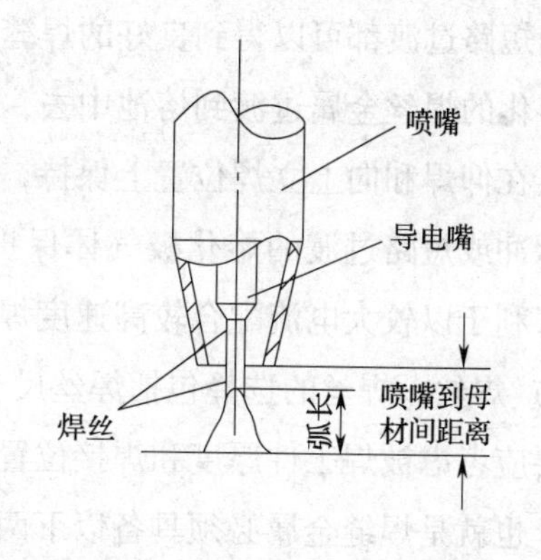

图 2 - 9　焊丝伸出长度说明图

6）焊枪角度。就像所有的电弧焊方法一样，焊枪相对于焊接接头的方向影响着焊道的形状和熔深。这种影响比电弧电压或焊接速度的影响还要大。当焊丝指向焊接方向的相反方向时，称为右焊法；当焊丝指向焊接方向时，称为左焊法。焊枪（焊丝）角度和它对焊道成形的影响见表 2—3。

对于各种焊接位置，焊丝的倾角大多选择在 10° ~ 15°范围内，这时可实现对熔池良好的控制和保护。

表2—3　焊枪（焊丝）角度和它对焊道成形的影响

	左焊法	右焊法
焊枪角度	10°~15° 焊接方向	10°~15° 焊接方向
焊道断面形状		
特点	熔深减小，熔宽增加	熔深增加，熔宽减小，余高增加，电弧稳定，飞溅小

7）焊接接头位置。焊接结构的多样化，决定了焊接接头位置的多样性。焊接不同位置的焊缝，不仅要考虑到熔化极气体保护焊的熔滴过渡特点，还要考虑熔池的形成和凝固特点。

对于平焊和横焊位置焊接，可以使用任何一种熔化极气体保护焊技术，如喷射过渡和短路过渡都可以得到良好的焊缝。而对于全位置焊来说，使用喷射过渡法可以将熔化的焊丝金属过渡到熔池中去，但因电流较大，形成的熔池较大，从而使熔池难以在仰焊和向上立焊位置上保持，这时就希望得到小熔池，所以只有采用低能量的脉冲或短路过渡的熔化极气体保护焊工艺才行。而对于向下立焊，熔池向下淌，有利于以较大电流配合较高速度焊接薄板。

8）焊丝。焊丝的选择包括焊丝尺寸的选择和焊丝成分的选择。焊丝尺寸的选择主要应考虑被焊工件厚度和焊接位置等因素；焊丝成分的选择主要应考虑冶金焊接性，也就是焊缝金属必须具备以下两个特点：

①焊缝金属应与母材的力学和物理性能有良好的匹配，或者是具有优于母材的性能，如耐蚀性或耐磨性。

②焊缝应是致密的和无缺陷的。

当对焊接质量要求不高时，所采用的焊丝也可与 CO_2 焊时的焊丝相同。但因气体成分直接影响合金元素的烧损程度，从而影响到焊缝金属的化学成分和性能，所以焊丝成分应与气体成分相匹配。总的选择原则是：第一，对于氧化性较强的保护气体，应选用高锰高硅的焊丝；第二，对氧化性较弱的保护气体（如富氩混合气体)，宜选用低锰低硅焊丝。

目前，生产上最常用的焊丝是低锰低硅焊丝。这主要是由于目前所使用的混合气体，其氧化性都较弱的缘故。

对每一种成分和直径的焊丝都有一定的可用电流范围。熔化极气体保护焊工艺中所用的焊丝直径为0.4～5 mm。通常半自动焊多用 ϕ（0.4～1.6）mm 的较细焊丝，而自动焊常采用较粗焊丝，其直径为1.6～5 mm。各种直径焊丝的适用电流范围见表2—4。细丝不但可用于平焊，还可以用于全位置焊，而粗丝只能用于平焊。在使用脉冲 MAG 焊时，可以用较粗的焊丝进行全位置焊，见表2—5。表中还列出了各种直径焊丝适用的板厚范围和焊缝位置。细丝主要用于薄板和任意位置焊接，采用小电流短路过渡和脉冲 MAG 焊。而粗焊丝多用于厚板，平焊位置，较大电流射流过渡，以提高焊接熔敷率和增加熔深。

表 2—4　　不同直径焊丝的电流范围

焊丝直径（mm）	CO_2 焊电流范围（A）	MAG 焊	
		直流电流范围（A）	脉冲电流范围（A）（平均值）
0.4	—	20～70	—
0.6	40～90	25～90	—
0.8	50～120	30～120	—
1.0	70～180	50～300（260）	—
1.2	80～350	60～440（320）	60～354
1.6	140～500	120～550（360）	80～500
2.0	200～550	450～650（400）	—
2.5	300～650	—	—
3.0	500～750	—	—
4.0	600～850	650～800（630）	—
5.0	700～1 000	750～900（700）	—

注：表中括号内的数字为临界电流。

表 2—5　　焊丝直径的选择

焊丝直径（mm）	熔滴过渡形式	可焊板厚（mm）	焊接位置
0.5~0.8	短路过渡	0.4~3.2	全位置
	射滴过渡	2.5~4	水平
	脉冲射滴过渡	—	—
1.0~1.4	短路过渡	2~8	全位置
	射滴过渡（CO_2）	2~12	水平
	射流过渡（MAG 焊）	>6	水平
	脉冲射滴过渡	2~9	全位置
1.6	短路过渡	3~12	全位置
	射滴过渡（CO_2）	>8	水平
	射流过渡（MAG 焊）	>8	水平
	脉冲射滴过渡（MAG 焊）	>3	全位置
2.0~5.0	射滴过渡（CO_2）	>10	水平
	射流过渡（MAG 焊）	>10	水平
	脉冲射滴过渡（MAG 焊）	>6	水平

9）保护气体。保护气体的选择首先应考虑到基本金属的种类、电弧的稳定性、焊缝成形、飞溅量、熔合比及合金元素的氧化与烧损、获得该气体的难易程度及气体成本等；其次应考虑熔滴过渡类型。焊件为同一钢种，因采用熔滴过渡的形式不同其使用的混合气体也不同，见表 2—6。

表 2—6　　熔滴过渡形式不同与混合气体的配比及特点

钢种	熔滴过渡形式	混合气体	特点
低碳钢	短路	Ar+25% CO_2	适用于厚度小于 3 mm 的薄板，且不要求全焊透的高速焊，变形小，飞溅小
		Ar+50% CO_2	适用于焊接厚度大于 3 mm 的板材，飞溅小，全位置焊时容易控制熔池
	喷射	Ar+1%~5% O_2 Ar+10%~20% CO_2	电弧稳定，熔池流动性好，飞溅小，成形良好，可比纯 Ar 保护时焊速高

续表

钢种	熔滴过渡形式	混合气体	特点
低合金钢（高韧性）	短路	75% Ar + 25% CO_2	韧性一般，塑性好，电弧稳定，飞溅小，成形良好
	喷射	Ar + 1% ~ 2% O_2 Ar + 20% ~ 30% CO_2	可消除咬边，韧性良好，熔深大

第 2 节　厚度 δ = 8 ~ 12 mm 低碳钢或低合金钢板的仰焊位置对接熔化极活性气体保护焊单面焊双面成形

学习单元 1　厚度 δ=8 ~ 12 mm 低碳钢及低合金钢的仰焊位置对接熔化极活性气体保护焊单面焊双面成形

学习目标

➤ 掌握厚度 δ = 8 ~ 12 mm 低碳钢及低合金钢对接焊的熔滴过渡的类型及影响因素。

➤ 掌握低碳钢板或低合金钢板熔化极活性气体保护焊对接仰焊的单面焊双面成型焊接技术。

知识要求

一、低碳钢或低合金钢板对接焊的熔滴过渡类型及影响因素

保护气体的选用：射流过渡采用 Ar98% + $CO_2$2%，短路过渡采用 Ar97.5% + $CO_2$2.5%。

1. 熔滴过渡的概念、内容

电弧焊时，在焊丝端部形成的向熔池过渡的液态金属滴叫熔滴。熔滴过渡就是熔滴通过电弧空间向熔池转移的过程。熔滴上的作用力是影响熔滴过渡及焊缝成形的主要因素。根据熔滴上的作用力来源不同，可将其分为重力、表面张力、电弧力、熔滴爆破力和电弧气体的吹力。

2. 熔滴过渡的作用力

（1）重力

重力对熔滴过渡的影响依焊接位置的不同而不同。平焊时，熔滴上的重力促使熔滴过渡；而在立焊及仰焊位置则阻碍熔滴过渡。

（2）表面张力

液态金属具有表面张力，即液体在没有外力作用时，其表面积会尽量减小，缩成圆形。对液体金属来说，表面张力使熔化金属成为球形。平焊时不利于溶滴过渡。因为焊条金属熔化后，其液态金属并不会马上掉下来，而是在表面张力的作用下形成球滴状悬挂在焊条末端。随着焊条不断融化，熔滴体积不断增大，直到作用在熔滴上的作用力超过熔滴与焊芯界面间的张力时，熔滴才脱离焊芯过渡到熔池中去。

立焊或仰焊有利于熔滴过渡。因为：

1）熔池金属在表面张力作用下，倒悬在焊缝上而不易滴落。

2）当焊条末端熔滴与熔池金属接触时，会由于熔池表面张力的作用，而将熔滴拉入熔池。

表面张力越大，焊芯末端的熔滴越大。表面张力的大小与熔滴成分、温度、环境条件、焊丝直径等有关；由表面张力造成的与焊丝脱离的阻力，与焊丝直径几乎成正比。细丝的阻力比粗丝小，用细丝焊接，熔滴过渡较为顺利而稳定。液态金属温度越高，表面张力越小；在保护气体中加入氧化性气体，如用 $Ar+CO_2$ 比用纯 Ar 表面张力减小，有利于形成细颗粒熔滴。

（3）电弧力

电弧力包括电磁收缩力、等离子流力、斑点力、熔滴冲击力及短路爆破力等。电弧力只有在焊接电流较大时才对熔滴过渡起主要作用，焊接电流较小时起主要作用的往往是重力和表面张力。

（4）熔滴爆破力

当熔滴内部因冶金反应而生成气体或含有易蒸发金属时，在电弧高温作用下将使气体积聚、膨胀而产生较大的内压力，致使熔滴爆破，这一内压力称为熔滴爆破力。它在促使熔滴过渡的同时也产生飞溅。

3. 熔滴过渡的形式及影响因素

熔化极活性气体保护焊按其工艺特点，熔滴过渡可分为三种形式：短路过渡、大滴过渡、喷射过渡。

影响熔滴过渡的因素很多，其中主要因素有：焊接电流的大小和种类、焊丝直径、焊丝成分、焊丝干伸长、保护气体。

（1）短路过渡

短路过渡发生在熔化极气体保护焊的细焊丝和小电流条件下。这种过渡形式产生小而快速凝固的焊接熔池，适合于焊接薄板、全位置焊。熔滴过渡只发生在焊丝与熔池接触时，而在电弧空间不发生熔滴过渡。短弧焊时，熔滴长大空间受到限制，熔滴还没有长大到它的最大尺寸时，就与熔池接触发生短路，电弧熄灭。熔滴在表面张力、电磁力和其他力的作用下实现过渡。熔滴过渡后，电弧又重新点燃，进行新一轮的过渡，周而复始的进行。

焊丝与熔池的短路频率为每秒钟 20 ~ 200 次。保护气体成分对熔化金属的表面张力和电弧电场强度均有影响，对电弧形态和对熔滴作用力也有影响。所以，保护气体成分变化将对短路过渡频率及短路时间有很大影响。与惰性气体相比，CO_2保护焊时将产生更多的飞溅，可是 CO_2气还能促进加大熔深。为了获得较小的飞溅、较大的熔深和良好的性能，在焊接碳钢和低合金钢时还可采用 CO_2 和 Ar 的混合气体，而在焊接有色金属时向 Ar 中加入 He 可以增加熔深。

（2）大滴过渡

在直流反接情况下，无论是哪种保护气体，在较小电流时都能产生大滴过渡。大滴过渡的特征是熔滴直径大于焊丝直径，大滴过渡只能在平焊位置，在重力作用下过渡。

在惰性气体为主的保护介质中，在平均电流等于或略高于短路过渡所用的电流时，就能获得大滴轴向过渡。如果弧长过短，长大的熔滴就会与工件短路，造成过热和崩断，而产生相当大的飞溅。所以，电弧长度必须足够大，以保证熔滴接触熔池之前就脱落。但当弧长过大时，会形成不良焊缝，如未熔合、未焊透和余高过大等。这样一来，大滴过渡的应用受到很大限制。

（3）喷射过渡

用富氩保护气体保护可能产生稳定的、无飞溅的轴向喷射过渡，如图 2—10 所示。它要求直流反接（DCEP）和电流在临界值以上。在该电流以下为大滴过渡，熔滴过渡频率为每秒钟几滴。而在临界电流以上为小滴过渡形式，每秒钟形成和过渡几十滴和几百滴。它将沿焊丝轴线，以较高的速度通过电弧空间。

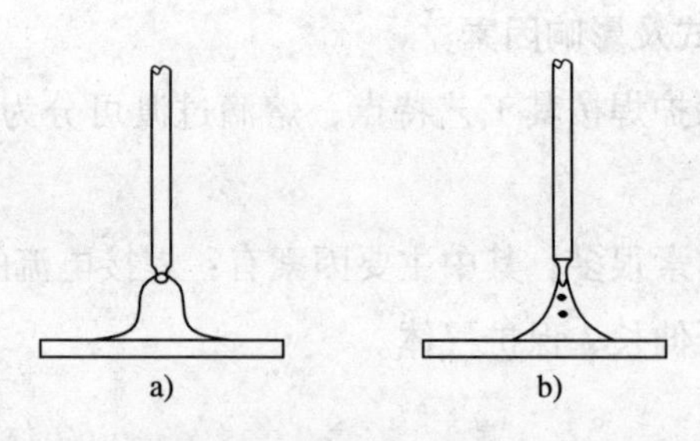

图2—10　喷射过渡示意图

a）射滴过渡　b）射流过渡

由大滴向小滴转变的电流称为临界电流。这一转变发生在一定的电流范围，在纯Ar或Ar +1% O_2的混合气体时，该电流范围较窄，只有几个安培。而在Ar + 20% CO_2的混合气体时，熔滴尺寸与焊丝直径相近，并以较大的加速度沿焊丝轴线射向熔池，所以称为射滴过渡（如图2—10a所示），这时电弧呈钟罩形，大部分熔滴表面被电弧所包围，从而保证了熔滴过渡的轴向性。而在临界电流之上，熔滴直径很细小，仅为焊丝直径的1/5～1/3。这时电弧呈锥形，包围着的焊丝端头呈铅笔尖状，形成明显的轴向性很强的液体流束，这种过渡形式称为射流过渡（如图2—10b所示）。临界电流的大小与焊丝直径大致成正比，而与焊丝干伸长成反比。同时还与焊丝材料和保护气体成分密切相关。常用金属材料的临界电流见表2—7。

表2—7　　各种焊丝的大滴—喷射过渡转变的临界电流

焊丝种类	焊丝直径（mm）	保护气体	临界电流最小值（A）
低碳钢	0.8	98% Ar + 2% O_2	150
低碳钢	0.9		165
不锈钢	0.9	99% Ar + 1% O_2	170
铝	1.2	Ar	135
脱氧铜	0.9	Ar	180
硅青铜	0.9	Ar	165
硅青铜	1.6	Ar	270

喷射过渡导致分离的熔滴沿焊丝轴线射出。它们在电弧力作用下，克服重力作用而使之以较高的速度过渡。因此，该法可用于任何空间位置的焊接。因为喷射过渡不发生短路，常常飞溅较小。

大滴过渡和喷射过渡都是在长弧焊时产生的，长弧焊时在电弧热的作用下，熔滴自由长大，达到它的最大尺寸时，熔滴在重力、电磁力、等离子流力、表面张力的共同作用下实现过渡。当焊接电流大于喷射过渡临界电流时得到喷射过渡；当焊接电流小于喷射过渡临界电流时得到大滴过渡。

二、低碳钢或低合金钢板的仰焊位置对接熔化极活性气体保护焊单面焊双面成形

单面焊双面成形技术，顾名思义，即是从焊件坡口的正面进行焊接，实现正面和背面焊道同时形成致密均匀焊缝的操作工艺方法。单面焊双面成形操作过程中，不需要采取任何辅助措施，只是在坡口根部进行组装定位时，应按焊接时的不同操作手法留出不同的间隙，在坡口的正面进行焊接，在坡口的正、背两面都能得到均匀整齐、成形良好、符合质量要求的焊缝。

板对接仰焊时，熔池呈悬空状态，液态金属受重力影响极易产生下坠现象，焊接过程中必须根据装配间隙及熔池温度变化情况及时调整焊枪角度、摆动幅度和焊接速度，以控制熔孔尺寸，保证试件背面形成均匀一致的焊缝。

1. 板对接仰焊的基本特点

仰焊是焊接操作中难度最大的焊接。仰焊中，不仅由于位置难度大，而且由于焊件倒悬，熔滴受重力作用阻碍其向熔池过渡，单面焊双面成形时，熔池金属在自身重力作用下自然下坠，当冷却速度较慢时，焊缝背面会出现凹陷或正面出现焊瘤、金属下淌等现象。

为克服重力的影响，仰焊操作中，应力求采用最小的间隙和短弧，同时要求焊接电弧有足够的挺度，能够击穿焊缝，使熔池在表面张力的作用下，能够迅速凝固形成较为平整的焊缝。仰焊时，熔孔效应不十分明显，仅在操作瞬间可以观察到。

（1）焊前准备

1）坡口制备。选用厚度为 8 ~ 12 mm 的 Q345R 钢，采用机械剪切或氧—乙炔切割方法，将试件制成 300 mm × 100 mm × 12 mm 的长方形试板，坡口角度为 60° ± 1°，如图 2—11 所示。

2）试板清理。将试板坡口两侧 20 mm 范围内的铁锈、油污等清理干净。

3）组对与定位焊。将加工和清理好的试件翻转拼对，检查是否有错边现象。然后留出合适的根部间隙，注意始焊端间隙应小于终焊端 0. 5 mm。仰焊时，由于操作较困难，断弧焊法不易掌握，采用连弧焊法则可以稳定电弧，取得较为理想的焊缝成形。但连弧焊接需要窄的间隙来保证焊接质量，因此焊件组对时间隙大小十分重要。组对完成后，在试板两端 10 ~ 15 mm 处进行定位焊接。定位焊时，始焊

端焊点要小，以不开裂为准，终焊端要定位牢靠，以防焊接过程中焊缝收缩致使间隙尺寸减小或终焊端被拉裂。定位焊时使用的焊丝应与正式焊接时焊丝型号相同。

图2—11　300 mm×100 mm×12 mm的长方形试板，坡口角度为60°±1°

定位后的试件表面应平整，错边量≤0.5 mm，检查无误后，将反变形角度留出，反变形角度太小，坡口变窄，不利于击穿焊缝，太大，又使坡口加大，易使焊接熔池下坠，不利于单面焊双面成形。一般焊接厚度为10 mm的钢板时，焊缝坡口装配间隙宜控制在始焊端2.7 mm，终焊端3.2 mm为宜，反变形角度也应控制在3°±1°。

（2）焊接参数

焊接参数的选择以厚度为8～12 mm的钢板为例，板对接仰焊单面焊双面成形焊接参数的选择见表2—8。

表2—8　　板对接仰焊单面焊双面成形焊接参数选择

板厚（mm）	焊接层次	焊条直径（mm）	焊接电流（A）	焊接速度（cm/min）
6	1	2.5	75～95	12～14
	2	3.2	115～125	13～15
	3	3.2	115～125	10～12
10	1	2.5	80～95	11～13
	2	3.2	115～125	12～14
	3	3.2	115～125	11～13
	4	3.2	115～125	9～11

2．焊接缺陷的产生及防止方法

按照正确的焊接工艺焊接时，一般能得到高质量的焊缝。因熔化极气体保护焊无焊剂和焊条药皮，所以可消除焊缝中的夹渣。但使用含脱氧剂的焊丝时可能会出现一些浮渣。这些渣也应在焊接下一焊道之前清除掉。

惰性气体保护极好地保护了焊接区不受空气中的氧和氮的污染。由于氢是低合金钢焊缝和热影响区中产生裂纹的主要原因，所以要采取去氢措施。用 CO_2 或氧化性混合气体保护时，为了排除氧的影响，必须使用脱氧焊丝。这些可选用的保护气体能保证得到高质量焊缝。

然而，当采用熔化极气体保护电弧焊时，如果焊接参数、材料或焊接工艺不合适，就可能出现焊接缺陷。这种方法所特有的某些缺陷，它们形成的大概原因及防止措施，见表 2—9。

表 2—9　　焊接缺陷、形成原因及防止措施

缺陷形成原因	防止措施
焊缝金属裂纹	
1. 焊缝深宽比太大 2. 焊道太窄（特别是角焊缝和底层焊道） 3. 焊缝末端处的弧坑冷却过快	增大电弧电压或减小焊接电流以加宽焊道面积而减小熔深 减慢行走速度以加大焊道的横截面 采用衰减控制以减小冷却速度；适当地填充弧坑；在完成焊缝的顶部采用分段退焊技术一直到焊缝结束
夹渣	
1. 采用多道焊短路电弧（熔焊渣型夹杂物） 2. 高的行走速度（氧化膜型夹杂物）	在焊接后续焊道之前，清除掉焊缝边上的渣壳 减小行走速度；采用含脱氧剂较高的焊丝；提高电弧电压
气孔	
1. 保护气体覆盖不足 2. 焊丝的污染 3. 工件的污染 4. 电弧电压太高 5. 喷嘴与工件距离太大	增加保护气体流量，排除焊缝区的全部空气；减小保护气体的流量，以防止卷入空气；清除气体喷嘴内的飞溅；避免周边环境的空气流过大，破坏气体保护；降低焊接速度；减小喷嘴到工件的距离；焊接结束时应在熔池凝固之后再移开焊枪喷嘴 采用清洁而干燥的焊丝；清除焊丝在送丝装置中或导丝管中黏附的润滑剂 在焊接之前清除工件表面上的全部油脂、油、锈、油漆和尘土；采用含脱氧剂的焊丝 增加在熔池边缘的停留时间 改变焊枪角度使电弧力推动金属流动
咬边	

续表

缺陷形成原因	防止措施
1. 焊接速度太高 2. 电弧电压太高 3. 电流过大 4. 停留时间不足 5. 焊枪角度不正确	减慢焊接速度 降低电压 降低送丝速度 增加在熔池边缘的停留时间 改变焊枪角度使电弧力推动金属流动
未融合	
1. 焊缝区表面有氧化膜或锈皮 2. 热输入不足 3. 焊接熔池太大 4. 焊接技术不合格 5. 接头设计不合理	在焊接之前清理全部坡口面和焊缝区表面上的轧制氧化皮或杂质 提高送丝速度和电弧电压；减小焊接速度 减小电弧摆动以减小焊接熔池 采用摆动技术时应在靠近坡口面的熔池边缘停留；焊丝应指向熔池的前沿 坡口角度应足够大，以便减少焊丝伸出长度（增大电流），使电弧直接加热熔池底部；坡口设计为J形或U形

技能要求

一、工作准备

1. 材料准备

钢板20（Q345）250 mm×150 mm×12 mm、ER50－6（ϕ1.2 mm）。

气体：多使用预先混合好的瓶装混合气，表2—10为某氧气厂生产的混合气比例，也可按工艺要求自行混合。

2. 设备

焊机NBC－350。

3. 工具

角磨机、敲渣锤、直尺、钢丝刷等。

4. 防护用具

防护眼镜、手套、工作服、防护皮鞋等。

表 2—10　　某氧气厂生产的混合气比例

背景气（主组分气）	混入气（次组分气）	混合范围	允许压力（MPa）（35℃）
Ar	O_2	1% ~12%	9.8
	H_2	1% ~15%	
	N_2	0.2% ~1%	
	CO_2	18% ~22%	
	He	50%	
He	Ar	25%	
Ar	CO_2	5% ~13%	
	O_2	3% ~6%	
CO_2	O_2	1% ~20%	

二、工作程序

1. 坡口形式及尺寸

坡口形式 V 形，坡口角度 30° ±2°，钝边 0 ~ 1.0 mm（打磨得到），坡口底边直线度误差 1/100，如图 2—12 所示。

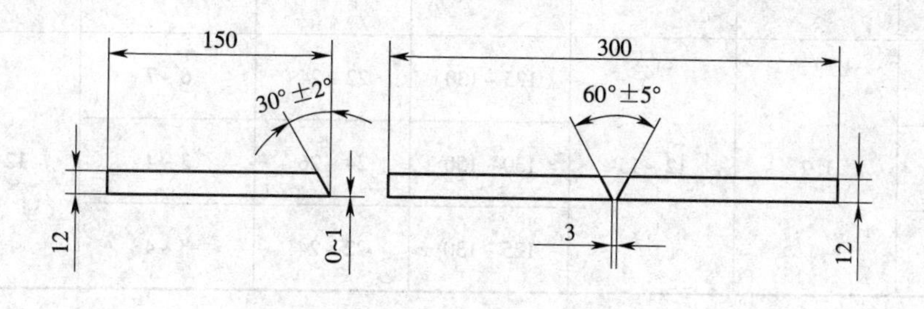

图 2—12　坡口形式及尺寸

2. 定位焊及反变形

定位焊时，点焊应在坡口内进行。点焊长度 < 10 mm，点焊层厚度为 3 ~ 4 mm。为保证焊后角变形尺寸，因此焊前试板必须预留反变形，如图 2—13 所示。

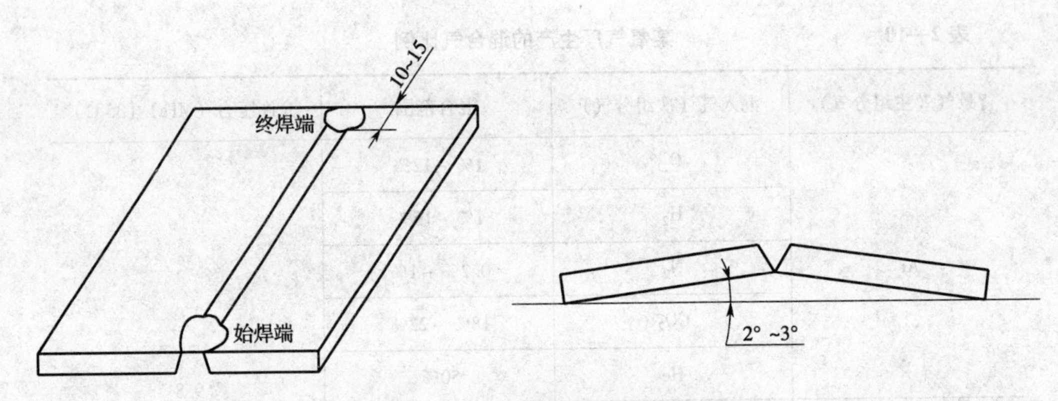

图 2—13　试件组对及反变形

三、焊接设备的选择

焊接设备选用二氧化碳气体保护焊机 NBC－350。检查电、气路是否畅通，送丝机构是否正常，送丝轮槽是否合适。

四、焊接参数

焊接参数见表 2—11。

表 2—11　　**焊接参数**

焊接层次	焊丝直径（mm）	伸出长度（mm）	焊接电流（A）	电弧电压（V）	焊接速度（cm/min）	气体流量（L/min）
打底焊	1. 2	12～15	125～130	22～24	6～7	12～15
填充焊			130～150	24～26	3～4	
盖面焊			125～130	22～24	3～4	

五、焊接操作要点

仰焊是很难焊的位置，焊缝成形困难，熔池处于悬空状态，熔池体积上小下大，在重力作用下很容易流失，主要靠电弧吹力和表面张力的向上分力维持平衡（见图 2—14），操作时容易出现烧穿、咬边、焊瘤或焊缝表面下坠等焊接缺陷。在整个焊接过程中，焊工必须无依托地举着焊枪，抬头看熔池，特别累，焊接时产生的飞溅容易伤人，应加强劳动防护，正确穿戴劳保用品。

焊枪角度与焊接工艺：采用右向焊法，三层三道，焊枪角度如图 2—15 所示。

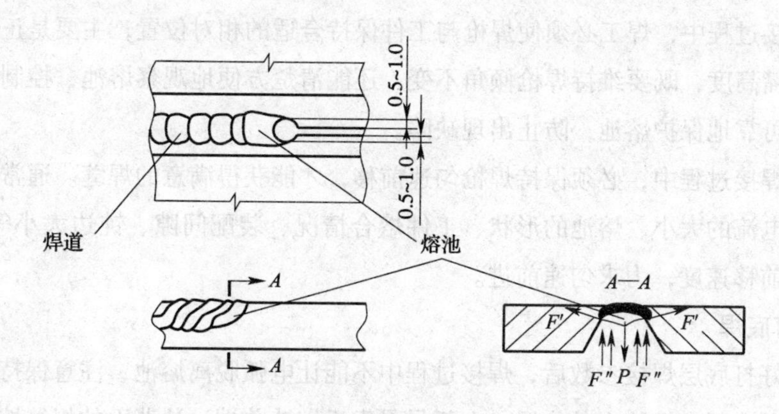

图 2—14　仰焊熔池

P—熔池金属的重力　F′—表面张力　F″—电弧吹力

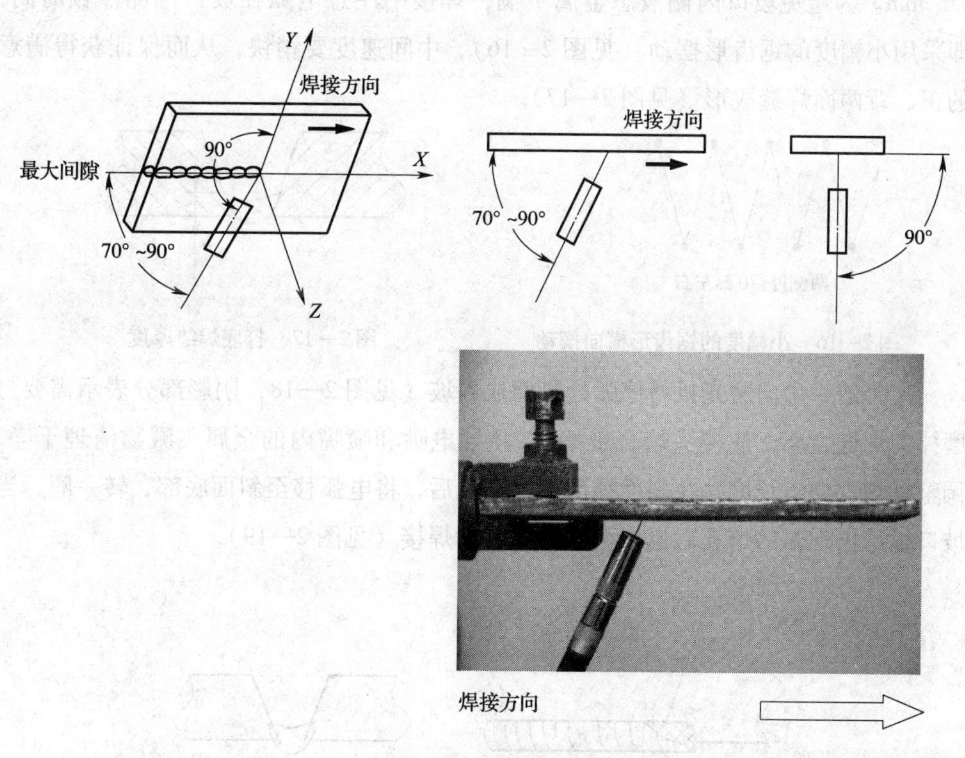

图 2—15　焊枪角度

试板位置：焊前先检查试板反变形及装配间隙是否合适，调整好定位高度，将试板坡口朝下放在水平位置，间隙小的一端放在左侧夹持固定好。

要有正确的持枪姿势，焊接时用身体的某个部位承担焊枪的重量，手臂能处于自由状态，手腕能灵活带动焊枪平移或转动，不感到太累。将送丝机放在合适的位置，软管电缆最小的曲率半径要大于300 mm，保证焊枪能在需焊接的范围内自由移动；焊接过程中，焊工必须使焊枪与工件保持合适的相对位置，主要是正确控制焊枪和喷嘴高度，既要维持焊枪倾角不变，还能清楚方便地观察熔池，控制焊缝形状，又能可靠地保护熔池，防止出现缺陷。

整个焊接过程中，必须保持焊枪匀速前移，才能获得满意的焊缝。通常焊工可根据焊接电流的大小、熔池的形状、工件熔合情况、装配间隙、钝边大小等情况，调整焊枪前移速度，力求匀速前进。

1．打底焊

调整好打底层焊接参数后，焊接过程中不能让电弧脱离熔池，注意保持合适的焊枪角度和电弧在熔池上的位置，电弧尽量靠近熔池前端，让背面的焊缝熔池获得足够的液态金属，在保证熔透的条件下，尽量减小熔孔尺寸，以熔化坡口钝边每侧0.5 mm。为避免坡口内侧液态金属下淌，焊接中注意电弧在坡口两侧停顿时间，即采用小幅度的锯齿形摆动（见图2—16），中间速度要稍快，从而保证获得满意的正、背两面焊缝成形（见图2—17）。

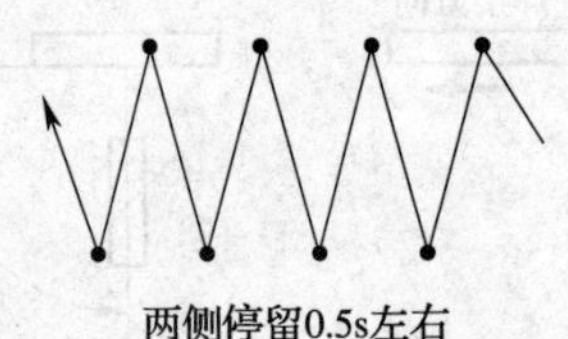

图2—16　小幅度的锯齿形横向摆动

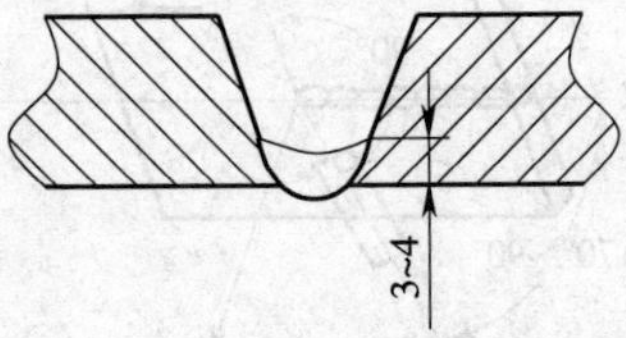

3~4

图2—17　打底焊缝厚度

接头前用角向磨光机将停弧处打磨成斜坡（见图2—18，阴影部分表示需要打磨掉的焊缝金属，使接头熔合良好），将导电嘴和喷嘴内的金属飞溅物清理干净，调整好焊丝伸出长度，在斜面顶部引燃电弧后，将电弧移至斜面底部，转一圈，当坡口根部出现新的熔孔后返回引弧处再继续焊接（见图2—19）。

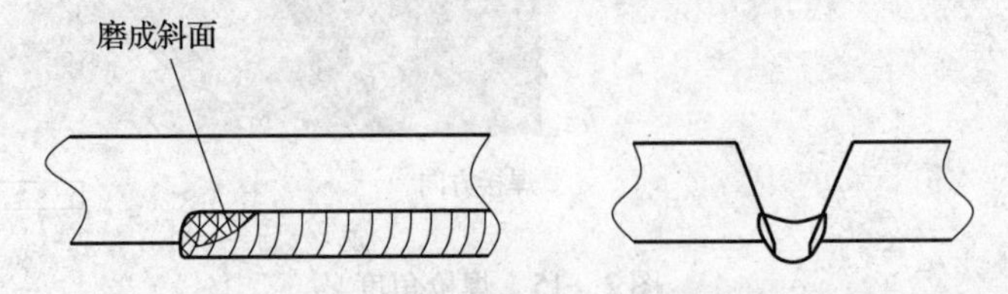

图2—18　仰焊接头处打磨要求

运弧方法很重要，引燃电弧后向斜面底部移动，要注意观察熔孔，未形成熔孔则接头处背面未焊透；若熔孔太小，则接头处背面产生凹陷；若熔孔太大，则背面焊缝太宽或烧穿。

2. 填充焊

填充层焊接前，将打底层焊缝表面的污物和飞溅颗粒清理干净，接头部位凸起的地方用角向磨光机打磨掉，如图 2—20 所示，调整好填充层焊接参数后，焊枪与焊接反方向的夹角为 65°～75°。在试板左端引弧，焊枪以稍大的横向摆动幅度开始向右焊接，在坡口两侧的停留时间也应稍长，避免焊道中间下坠，保证填充层焊道表面应距试板下表面 1.5～2.0 mm，必须注意不能熔化坡口的棱边，如图 2—21 所示。

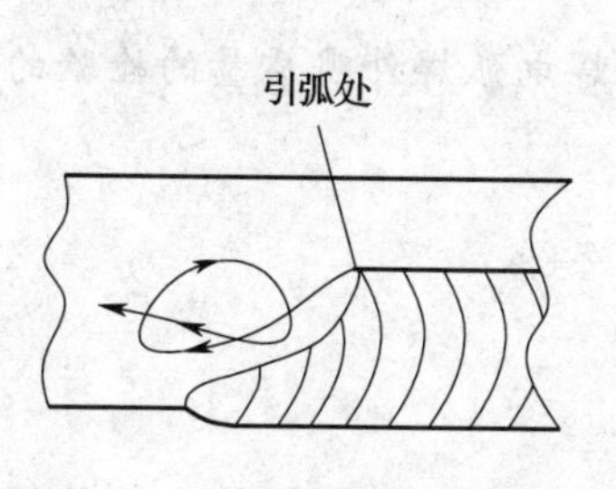

图 2—19　接头处的引弧操作

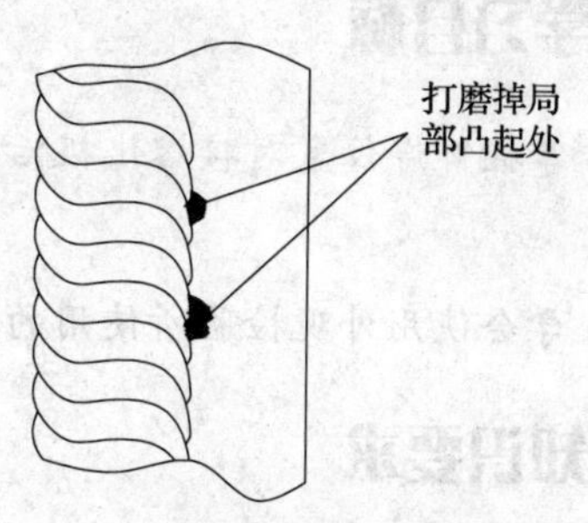

图 2—20　填充焊缝前的修磨要求

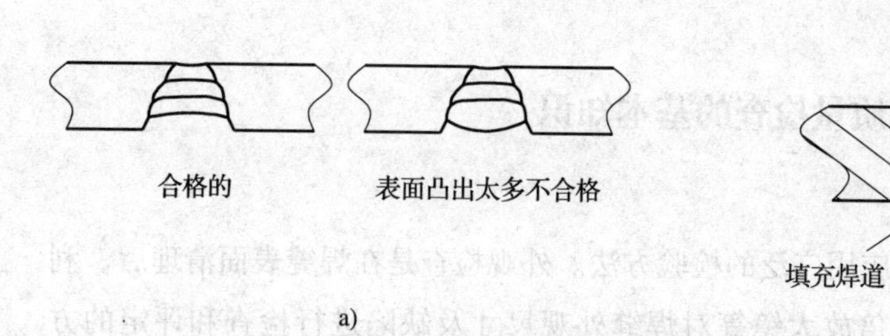

图 2—21　填充焊缝的形状

a）填充焊缝的形状 1　b）填充焊缝的形状 2

3. 盖面焊

盖面层焊接前先将填充层焊缝表面及坡口边缘棱角处清理干净。调整好盖面层焊接工艺参数后，从左到右进行盖面层的焊接。盖面层焊接时所用的焊枪角度和横向摆动方法与填充焊接层焊接时相同，焊接过程中要根据填充层的高度、宽度，调整好焊接速度，在坡口边缘棱角处，电弧要适当停留，但电弧不得深入坡口边缘太多，尽可能地保证摆动幅度均匀平稳，使焊缝平直均匀，不产生两侧的咬边、中间下坠等缺陷。

盖面层焊接完成后，应将焊缝表面的金属飞溅物清理干净，不能破坏焊缝的原始表面。

学习单元2 焊后外观质量检验

学习目标

➤ 掌握仰焊位置对接熔化极活性气体保护焊电弧焊外观质量的检验的有关知识。

➤ 学会使用外观检验所使用的工量具。

知识要求

焊接检验的目的是发现焊缝中的缺陷，找出缺陷出现的规律和消除缺陷的办法，以确保产品的出厂质量和使用安全。焊接检验主要包括试件的外观检查、射线探伤和破坏性试验。

一、焊接接头外观质量检查的基本知识

1. 外观检查方法

外观检查是简单而且应用广泛的检验方法。外观检查是在焊缝表面清理后，利用目视或焊接检测尺、低倍放大镜等对焊缝外观尺寸及缺陷进行检查和评定的方法。

2. 外观检查内容

焊缝外观检查的内容主要包括以下几方面：

（1）表面清理

要求待检查试件表面及焊缝周围的焊渣及金属飞溅物应按要求认真清理干净。

（2）焊缝外观尺寸

要求用测量尺和焊缝检测尺分别测量出焊缝的余高及余高差、焊缝的宽度及宽度差、焊缝的直线度、角焊缝焊角及凹度（或凸度）、试件错边量及变形角度等焊缝外观尺寸。

3. 表面缺陷

表面缺陷主要包括对表面裂纹、气孔、夹渣、未熔合、未焊透、咬边、焊瘤、凹陷等。

二、工量具的使用知识

试件外观检验的测量工具主要是焊接检测尺，焊接检测尺的结构形式如图 2—22 所示。利用焊接检测尺对焊缝各种尺寸的检测方法是：

图 2—22　焊接检验尺

1. 对焊缝余高的测定

当对板对接和管对接试件焊缝余高进行测量时，以主尺端面为测量基准面，在活动尺的配合下进行测量，活动尺上的刻度线对准主尺的刻度值，即为所测值。

当焊件存在错边时，测量焊缝余高应以表面较高一侧母材为基准，如图 2—23 所示。

2. 对焊缝宽度的测定

测量对接焊缝的焊缝宽度时，以主尺的接边为测量基准面，在测角尺配合下进行测量，测角尺刻线对准主尺刻度值部分即为所测焊缝宽度值，如图 2—24 所示。

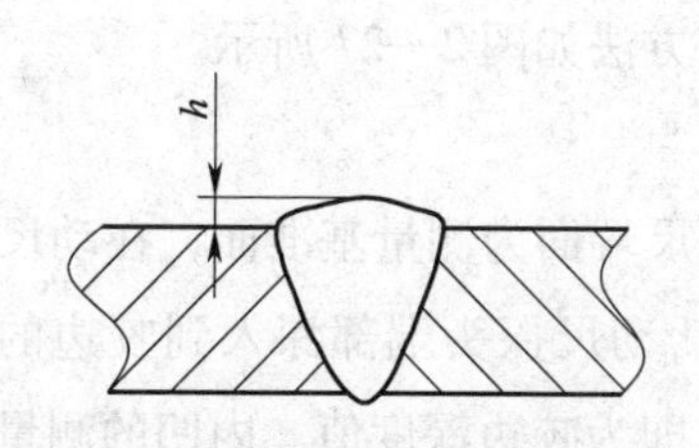

图 2—23　有错边的焊缝余高的测量

图 2—24　焊缝宽度的测量

3. 比坡口每侧增宽量的测定

比坡口每侧增宽量的测定要在试件组对好之后预先在坡口外侧划出平行线，一般以坡口边缘加工棱角处为基准，向外 50 mm 的距离，如图 2—25 所示。试件焊后，以划线处为基准，测出至焊缝边缘的距离。

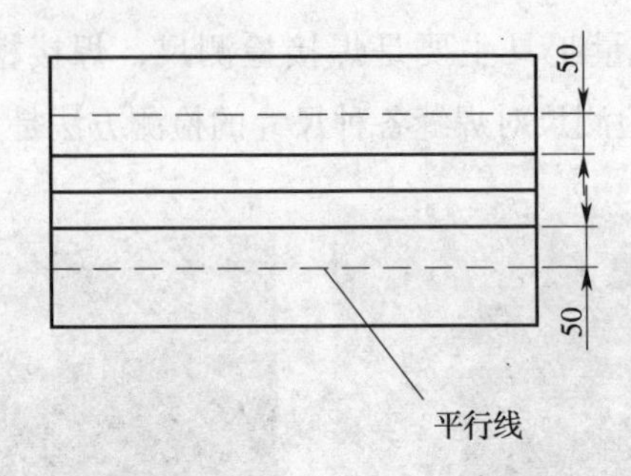

图 2—25 测量比坡口每侧增宽量

4. 焊件错边量的测定

以主尺一端面为基准，在测角尺的配合下进行测量，测角尺刻线对准主尺部分的刻度值即为所测之值，焊件错边量的测定方法如图 2—26 所示。

图 2—26 测定焊件错边量的方法

5. 焊件角变形的测定

焊件角变形可用半圆仪直接测出 θ 值，测量方法如图 2—27 所示。

6. 咬边深度及内凹量的测定

咬边深度的测量方法如图 2—28 所示，以主尺端面为测量基准面，在动尺（要求尖形探头活动尺）的配合下进行测量，此时活动尺探头端部深入到咬边的沟槽内，主尺上零刻度线所对准的活动尺的刻度值，即为咬边深度值。内凹的测量方法与咬边的测量方法相同。

图 2—27　角变形的测定

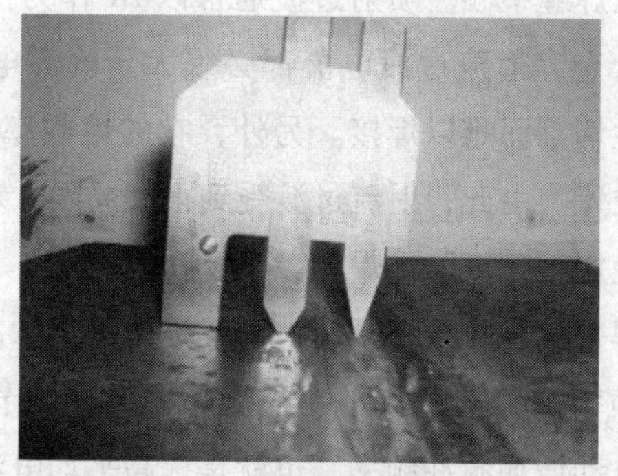

图 2—28　测量咬边深度方法

第 3 节　不锈钢板对接平焊的富氩混合气体熔化极脉冲气体保护焊

学习单元 1　不锈钢板对接平焊的富氩混合气体熔化极脉冲气体保护焊

学习目标

➢ 掌握熔化极脉冲气体保护焊的基本知识。

➢ 了解不锈钢的焊接性。

➢ 掌握不锈钢板对接平焊的富氩混合气体熔化极脉冲气体保护焊的焊接工艺

要领。

➤ 掌握不锈钢板对接平焊的富氩混合气体熔化极脉冲气体保护焊焊接操作要领。

知识要求

一、熔化极脉冲气体保护焊

射流过渡形式的一个特点是它能产生指状熔深。因为电磁场对称于焊缝中心，所以指状熔深也出现在焊缝中心。喷射过渡通常以 Ar 作为保护气体，所以适于焊接几乎所有的金属和合金。射流过渡电流都必须大于临界电流，由于焊接电流很大，焊接薄板时易产生切割而难以焊接。另外，它的熔敷率高，产生的熔深很大，不宜用于立焊和仰焊位置。由此，射流过渡受到很大局限，对于工件厚度和焊接位置均有要求。故通常使用熔化极脉冲焊。

通常熔化极脉冲焊采用脉冲频率调制，也就是说每个脉冲的宽度和幅值是不变的，而通过改变脉冲频率来调节焊接平均电流。弧长自调节作用正是利用这一规律，如弧长变短时，自动增加脉冲频率，也就是提高平均电流，而加快焊丝熔化速度，反之，弧长变长时，自动减少脉冲频率。

另外，焊接平均电流也是通过送丝速度来确定的。当调节送丝速度时，通过设备的控制电路自动调整脉冲频率与之相适应，从而也调节了平均电流，例如在送丝速度高时，脉冲频率也高，则焊接电流增大，反之亦然。

由于脉冲频率较低时，也就是焊接平均电流较低时，电弧仍然可以稳定地燃烧。这样一来，可用的焊接电流就可以远远地低于射流过渡临界值，从而扩大了焊接电流使用范围。采用熔化极脉冲焊时，电弧形态为钟罩形，熔滴过渡形式类似于射滴过渡，所以焊缝成形不是指状熔深，而是圆弧状熔深，有利于焊接薄工件和实现厚板的全位置焊。

二、不锈钢的焊接性

1. 不锈钢概述

不锈钢相对于碳钢来说，具有优良的化学稳定性，实际上不锈钢并不是绝对不会生锈，如在加工、使用和保养不妥时，不锈钢仍会生锈。

一般泛指的“不锈钢”是不锈钢、耐酸钢和耐热钢的通称，严格的区分，不锈钢只是在空气中能够抵抗腐蚀的钢；耐酸钢是在某些化学浸蚀介质中能够抵抗腐蚀的钢；耐热钢是在高温下能抗氧化、抗蠕变、抗破断，并能抵抗有一定腐蚀介质的钢。

耐酸钢和耐热钢一般具有不锈的性能，而不锈钢一般的耐酸和耐热性能却较差。

（1）不锈钢分类

1）按化学成分分为：铬不锈钢（06Cr13、12Cr13、20Cr13、30Cr13、10Cr17）、铬镍不锈钢（06Cr19Ni10、12Cr18Ni9、06Cr17Ni12Mo2Ti）、铬镍氮不锈钢（06Cr-19Ni10N、06Cr17Ni12Mo2N）

2）按组织分为：铁素体不锈钢（10Cr17、06Cr11Ti）、马氏体不锈钢（20Cr13、30Cr13、40Cr13）、奥氏体不锈钢（06Cr19Ni10、06Cr18Ni11Ti、07Cr19Ni11Ti）。

这里铁素体不锈钢和马氏体不锈钢属于铬不锈钢；奥氏体不锈钢属于铬镍不锈钢。

（2）不锈钢的物理性能

与焊接有关的物理性能主要有：

1）热导率低于碳钢，尤其是奥氏体不锈钢，约为碳钢的 1/3。

2）电阻率高，尤其是奥氏体不锈钢，约为碳钢的 5 倍。

3）奥氏体不锈钢线膨胀系数比碳钢约大 50%，铁素体不锈钢和马氏体不锈钢线膨胀系数大体上与碳钢相等。

4）奥氏体不锈钢的密度大于碳钢，铁素体不锈钢和马氏体不锈钢密度稍小于碳钢。

5）奥氏体不锈钢没有磁性，铁素体不锈钢和马氏体不锈钢有磁性。

2. 不锈钢的焊接性

不锈钢中以奥氏体不锈钢最为常见。奥氏体不锈钢的塑性和韧性很好，具有良好的焊接性，焊接时一般不需要采取特殊的焊接工艺措施。但如果焊接材料选用不当或焊接工艺不正确时，也会产生下列问题：

（1）晶间腐蚀

晶间腐蚀是 18－8 型奥氏体钢最危险的破坏形式之一。

奥氏体不锈钢产生晶间腐蚀一般认为是晶粒边界形成贫铬层造成的，原因是在 450～850℃温度下，碳在奥氏体中的扩散速度大于铬在奥氏体中的扩散速度，但奥氏体中的含碳量大于它在室温的溶解度后，碳就不断地向奥氏体晶粒边界扩散，并和铬化合，析出碳化铬，但铬的原子半径大，扩散速度小，来不及向边界扩散，晶界附近大量的铬和碳化合形成碳化铬，造成奥氏体边界贫铬。当晶界附近的金属含铬量低于12%时，就失去了抗腐蚀的能力，在腐蚀介质的作用下，产生晶间腐蚀。

受到晶间腐蚀的不锈钢，从表面上看来没有痕迹，但在受到应力时即会沿晶界断裂，几乎完全丧失强度。

奥氏体不锈钢在焊接不当时，会在焊缝和热影响区造成晶间腐蚀，有时在焊缝和基本金属的熔合线附近也会发生如刀状腐蚀，称为刀状腐蚀。

在焊接奥氏体不锈钢时，可采用下列措施防止和减少焊件产生晶间腐蚀：

1）控制含碳量。碳是造成晶间腐蚀的主要元素，碳元素在0.08%以下时，能够析出的碳的数量很少，碳元素在0.08%以上时能够析出的碳的数量迅速增加，通常所说的超低碳不锈钢（00Cr18Ni10、00Cr17Ni14Mo3）含碳量小于0.03%，因此不会产生晶间腐蚀。

2）添加稳定剂。在钢材和焊材中添加Ti、Nb等元素，它们与碳的亲和力比与铬的亲和力强，能够与碳结合成稳定的碳化物，从而避免在奥氏体晶界造成贫铬，提高抗晶间腐蚀能力，一般不锈钢材料中都有Ti和Nb。

3）进行固溶处理或稳定化热处理。

固溶处理：焊后将焊接接头加热到1 050～1 100℃，此时碳又重新溶入奥氏体中，然后急速冷却，便得到了稳定的奥氏体组织，这种处理工艺称为固溶处理。固溶处理的缺点是：如果焊接接头需要在危险温度区工作，则仍不可避免地会形成贫铬区。

危险温度区：不锈钢产生晶间腐蚀与钢的加热温度和加热时间有关，例如12Cr18Ni9，当加热温度小于450℃或大于850℃时，不会产生晶间腐蚀。因为温度小于450℃时，由于温度较低，不会形成碳化铬化合物，而当温度超过850℃时，晶粒内的铬扩散能力增强，有足够的铬扩散至晶界和碳结合，不会在晶界形成贫铬区。所以晶间腐蚀的加热温度为450～850℃。这个温度区间就称为产生晶间腐蚀的危险温度区。其中以650℃最为危险，焊接时焊缝两侧热影响区中处于危险温度区的地带最易发生晶间腐蚀，即使是焊缝由于在冷却过程中达到其温度，也会产生晶间腐蚀。

焊接接头在危险温度区停留的时间越短，接头耐晶间腐蚀能力越强，所以不锈钢焊接时，快速冷却是提高接头耐腐蚀能力的有效措施。由于奥氏体不锈钢冷却过程中没有马氏体的转变过程，所以快速冷却不会使接头淬硬。

稳定化热处理：将焊接接头加热至850～900℃，保温2 h，使奥氏体晶粒内部的铬有充分时间扩散至晶界，使晶界处铬的质量分数又恢复到大于12%，贫铬区得以消失，这样就不会产生晶间腐蚀。

4）采用双相组织。在焊缝中加入铁素体形成元素，如 Cr、Si、Al、Mo 等，以使焊缝形成奥氏体 + 铁素体的双相组织。因为铬在铁素体中的扩散速度比在奥氏体中快，因此 Cr 在铁素体内较快地向晶界扩散，减轻了奥氏体的贫铬现象，一般控制焊缝金属中铁素体含量为 5% ~10%，如铁素体过多，也会使焊缝变脆。

5）加快冷却速度。因为奥氏体不会产生淬硬现象，所以在焊接过程中，可以设法增加焊接接头的冷却速度。在焊接工艺方面，可以采用小电流，大焊速，短弧，多道焊。待先焊一层完全冷却后再焊下一层，或用铜垫板，甚至用冷水浇等措施来加速焊缝的冷却，以尽量减少焊接接头在危险温度的停留时间，此外，还必须注意焊接次序，与腐蚀介质接触的焊缝应最后焊接，尽量不使它受重复的焊接热循环作用。

（2）应力腐蚀

在静应力（内应力或外应力）作用下，不锈钢在腐蚀性介质中发生的破坏。

产生应力腐蚀的介质因素是氯离子浓度和氧含量的共同作用。

防止应力腐蚀的方法主要是消除焊接残余应力，常采用低温（350℃）或高温（高于 850℃）退火处理。

（3）热裂纹

热裂纹是奥氏体不锈钢焊接时比较容易产生的一种缺陷，包括焊缝的纵向和横向裂纹、火口裂纹、打底焊的根部裂纹和多层焊的层间裂纹等。特别是含镍量高的奥氏体不锈钢易产生。

奥氏体不锈钢产生热裂纹的倾向比低碳钢大得多，主要原因是：

1）奥氏体不锈钢的导热系数大约只有低碳钢的一半，而线膨胀系数却比碳钢大得多，冷却时焊缝收缩应力大，促使了热裂纹的产生。

2）铬镍奥氏体不锈钢成分比较复杂，内部含有较多的能够形成低熔点共晶的合金元素和杂质。

3）奥氏体结晶的枝晶方向性强，杂质偏析现象较严重。

防止措施主要包括：第一，采用双相组织的焊条，使焊缝形成奥氏体 + 铁素体的双相组织；第二，在焊接工艺上采用碱性焊条，小电流，快焊速，收尾时尽量填满弧坑及采用氩弧焊打底等措施。

（4）焊接接头的脆化

奥氏体不锈钢的焊缝在加热一段时间后，常会出现冲击韧性下降的现象，称为脆化。奥氏体不锈钢的脆化有两种，即低温脆化和高温脆化。

3．不锈钢富氩混合气体熔化极气体保护焊焊接参数的选择

（1）保护气体。熔化极氩弧焊一般不使用纯氩气体进行焊接，通常根据所焊接的材料采用适当比例的富氩混合气体。对于不锈钢和高强钢来说，所使用的富氩混合气体主要有 Ar +（1% ~2%）CO_2和 Ar + 5% CO_2 + 2% O_2两种，它们都属于弱氧化性。

特点：使用 Ar +（1% ~2%）CO_2作为保护气体，可以提高熔池的氧化性，降低焊缝金属的含氢量，克服指状熔深问题及阴极飘移现象，改善焊缝成形，可有效防止气孔、咬边等缺陷。用于射流电弧、脉冲射流电弧。

使用 Ar + 5% CO_2 + 2% O_2作为保护气体，提高了氧化性，熔透能力大，焊缝成形较好，但焊缝可能会增碳。用于射流电弧、脉冲射流电弧及短路电弧。

（2）焊丝。按等成分原则选择焊丝种类，焊丝直径的选择一般根据工件的厚度、施焊位置来选择，薄板焊接及横焊、立焊位置的焊接通常采用细丝（直径为 1.6 mm），平焊位置的中等厚度板及大厚度板焊接通常采用粗丝。表 2—12 给出了直径为 0.8 ~2.0 mm 焊丝的适用范围。

表 2—12　焊丝直径的选择

<table>
<tr><th>焊丝直径（mm）</th><th>工件厚度（mm）</th><th>施焊位置</th><th>熔滴过渡形式</th></tr>
<tr><td>0.8</td><td>1 ~3</td><td>全位置</td><td>短路过渡</td></tr>
<tr><td>1.0</td><td>1 ~6</td><td rowspan="2">全位置、单面焊双面成形</td><td rowspan="3">短路过渡</td></tr>
<tr><td rowspan="2">1.2</td><td>2 ~12</td></tr>
<tr><td>中等厚度、大厚度</td><td>打底</td></tr>
<tr><td rowspan="2">1.6</td><td>6 ~25</td><td rowspan="3">平焊、横焊或立焊</td><td rowspan="3">射流过渡</td></tr>
<tr><td>中等厚度、大厚度</td></tr>
<tr><td>2.0</td><td>中等厚度、大厚度</td></tr>
</table>

（3）过渡形式。薄板或全位置焊接通常选用脉冲喷射过渡或短路过渡进行焊接，而厚板通常选用喷射过渡进行焊接。

（4）焊接电流。焊接电流是最重要的焊接工艺参数。实际焊接过程中，应根据工件厚度、焊接方法、焊丝直径、焊接位置来选择焊接电流。

（5）电弧电压。电弧电压主要影响熔宽，对熔深的影响很小。电弧电压应根据电流的大小、保护气体的成分、被焊材料的种类、熔滴过渡方式等进行选择。

（6）焊接速度。焊接速度是重要焊接工艺参数之一。焊接速度要与焊接电流适当配合才能得到良好的焊缝成形。在热输入不变的条件下，焊接速度过大，熔宽、熔深减小，甚至产生咬边、未熔合、未焊透等缺陷。如果焊接速度过慢，不但直接影响了生产率，而且还可能导致烧穿、焊接变形过大等缺陷。

自动熔化极氩弧焊的焊接速度一般为 25 ~ 150 m/h，半自动熔化极氩弧焊的焊接速度一般为 5 ~ 60 m/h。

（7）焊丝干伸长度。焊丝的干伸长度影响焊丝的预热，因此对焊接过程及焊缝质量具有显著影响。其他条件不变而干伸长度过长时，等熔化曲线左移，焊接电流减小，易导致未焊透、未熔合等缺陷；干伸长度过短时，易导致喷嘴堵塞及烧损。

干伸长度一般根据焊接电流的大小、焊丝直径及焊丝电阻率来选择。

（8）气体流量。保护气体的流量一般根据电流的大小、喷嘴孔径及接头形式来选择。对于一定直径的喷嘴，有一最佳的流量范围，流量过大，易产生紊流；流量过小，气流的挺度差，保护效果不好。气体流量最佳范围通常需要利用实验来确定，保护效果可通过焊缝表面的颜色来判断，如对于不锈钢来说，焊缝表面呈金黄色或银色说明保护效果最好，焊缝表面呈蓝色为良好，红灰色为较好，灰色为保护效果不良，黑色为最差。

（9）喷嘴至工件位置。喷嘴高度应根据电流的大小选择，见表 2—13。该距离过大时，保护效果变差；过小时，飞溅颗粒易堵塞喷嘴且阻挡焊工的视线。

表 2—13　　喷嘴高度参考值

电流大小（A）	<200	200 ~ 250	250 ~ 500
喷嘴高度（mm）	10 ~ 15	15 ~ 20	20 ~ 25

4. 熔化极脉冲氩弧焊

（1）熔化极脉冲氩弧焊特点

对于薄板和热输入敏感性大的金属材料焊接时，若采用一般连续电流进行焊接，则熔滴过渡、焊缝成形、接头质量和工件变形等方面往往不够理想。

采用脉冲电流施焊，可以用低于喷射过渡临界电流的平均电流来得到喷射过渡，不仅缩小了热影响区，还可以改善接头组织，减少形成裂纹和出现变形的倾向。

熔化极脉冲氩弧焊的焊接电流为脉冲电流。它与一般熔化极氩弧焊的主要区别是，利用脉冲弧焊电源代替了一般弧焊电源。熔化极脉冲氩弧焊具有如下优点：

1）焊接参数的调节范围增大。熔化极脉冲氩弧焊可在平均电流小于临界电流的条件下获得射流过渡，因此，能在高至几百安培，低至几十安培的范围内获得稳定的射流过渡。这一范围覆盖了一般熔化极氩弧焊的短路过渡及射流过渡的电流范围，因此，利用射流过渡工艺，熔化极脉冲氩弧焊既可焊薄板，又可焊厚板。

2）可有效地控制线能量。熔化极脉冲氩弧焊的可控参数较多，电流参数由原来的一个变为四个：基值电流 I_b，脉冲电流 I_p，脉冲维持时间 t_p，脉冲间歇时间 t_b。通过调节这四个参数可在保证焊透的条件下，将焊接线能量控制在较低的水平，从而减小了焊接热影响区及工件的变形。这对于热敏感材料的焊接是十分有利的。

3）有利于实现全位置焊接。利用熔化极脉冲氩弧焊可在较小的线能量下实现喷射过渡，熔池的体积小，冷却速度快，因此，熔池易于保持，不易流淌。而且焊接过程稳定，飞溅小，焊缝成形好。

4）焊缝质量好。脉冲电弧对熔池具有强烈的搅拌作用。可改善熔池的结晶条件及冶金性能，有助于消除焊接缺陷，提高焊缝质量。

（2）熔化极脉冲氩弧焊工艺

1）熔化极脉冲氩弧焊的熔滴过渡。熔化极脉冲氩弧焊有三种过渡形式：一个脉冲过渡一滴（简称一脉一滴）、一个脉冲过渡多滴（简称一脉多滴）及多个脉冲过渡一滴（多脉一滴）。通过控制熔滴过渡可控制焊接质量，稳定焊接过程，改善焊缝成形，减少飞溅，提高焊接质量。

熔滴过渡方式主要决定于脉冲电流及脉冲持续时间。三种过渡方式中，一脉一滴的工艺性能最好。一脉一滴一般是射滴过渡，熔滴大小均匀，与焊丝直径相当，过程稳定，有利于提高焊接质量，是一种比较理想的过渡形式。多脉一滴大多是大滴过渡形式，焊接电弧不稳定，飞溅大，焊接的工艺性能最差，实际应用很少。一脉多滴的熔滴过渡控制较为困难，过程不易稳定，因此也不是理想的过渡形式。但它们可以采用更大的焊接电流，得到更高生产率，更大熔深和更好的工艺适应性。

一脉两滴、一脉三滴目前控制困难的主要原因是利用一般手段得不到反应熔滴过渡的高品质的信号，因此不能精确控制，如果能得到高品质信号，则一脉多滴既能得到稳定的焊接过程和高质量焊缝，又能得到更高的生产率，是一种非常理想的焊接方法。

一脉多滴若在焊接过程中保持焊接速度均匀不变，脉冲频率和其他脉冲参数都不变，在这两个条件下，若能将熔滴过渡控制到每个脉冲中过渡的熔滴数不变，则整条焊缝就会均匀、美观，质量非常优良。

由于一脉一滴的工艺范围很窄，焊接过程中难以保证，因此，目前主要采用的是一脉多滴及一脉一滴的混合方式。

2）焊接参数的选择原则。熔化极脉冲氩弧焊的主要参数有基值电流 I_b、脉冲电流 I_p、脉冲持续时间 t_p、脉冲间歇时间 t_b、脉冲周期 $T = t_p + t_b$、脉冲频率 $f = 1/T$、脉冲幅比 $F = I_p/I_b$、脉冲宽比 $K = t_p/(t_b + t_p)$ 及焊接速度。

①脉冲电流 I_p 及脉冲持续时间 t_p。脉冲电流与脉冲持续时间决定了熔滴过渡方式，这两个参数要适当配合，使（I_p，t_p）点位于图 2—29 中的一脉一滴临界曲线之上。脉冲电流还影响熔深，在平均电流一定的条件下，脉冲电流越大，熔深越大。选择熔化极脉冲氩弧焊参数时，应综合考虑母材类型、板厚、焊接位置及熔滴过渡要求，首先选择平均电流、脉冲电流及脉冲持续时间。

②基值电流 I_b。基值电流的主要作用是维持电弧的稳定燃烧，同时预热焊丝及工件。在保证电弧稳定的条件下，尽量选择较低的基值电流，以突出熔化极脉冲氩弧焊的特点。

③脉冲频率及脉冲宽比。熔化极脉冲氩弧焊采用的脉冲频率一般在几十至几百 Hz 的范围内，频率过低，焊丝易插入熔池，焊接过程不稳定，而频率过高则失去了脉冲焊的特点。

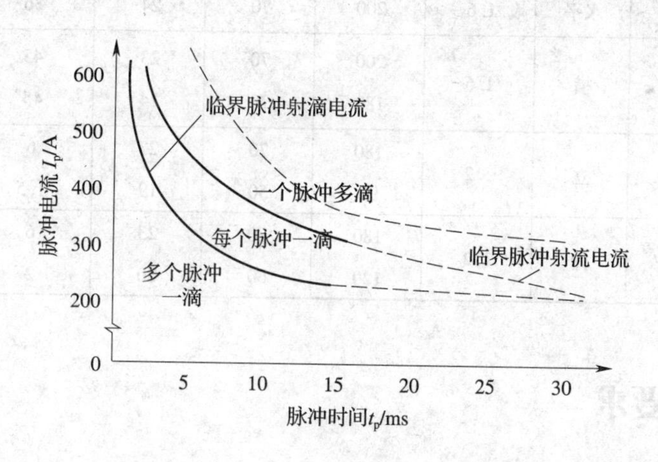

图 2—29　熔滴过渡方式与脉冲电流及脉冲持续时间之间的关系

脉冲频率通常根据焊接电流的大小来选择，电流较大时，脉冲频率应选得较大一些；焊接电流较小时，频率应选得小一些。送丝速度一定时，脉冲频率越大，熔深越大，因此，焊接厚板应选择较大的频率，焊接薄板时应选择较小的频率。

脉宽比越小，脉冲焊的特征越明显，而脉宽比过小则易导致电弧不稳定，因此，脉宽比一般取25%～50%。全位置焊接、薄板及热敏感材料的焊接均要求脉宽比小一些。

不锈钢熔化极脉冲氩弧焊的焊接工艺见表2—14。

表2—14　　不锈钢熔化极脉冲氩弧焊的焊接工艺

板厚（mm）	坡口形式	焊接位置	焊丝直径（mm）	脉冲电流（A）	平均电流（A）	电弧电压（V）	焊接速度（cm/min）	气体流量（L/min）
1.6	I	水平	1.2	120	65	22	60	20
1.6	I	横	1.2	120	65	22	60	20
1.6	90°V	立	0.8	80	30	20	60	20
1.6	I	仰	1.2	120	65	22	70	20
3.0	I	水平	1.2	200	70	25	60	20
3.0	I	横	1.2	200	70	24	60	20
3.0	90°V	立	1.2	120	50	21	60	20
3.0	I	仰	1.6	200	70	24	65	20
6.0	60°V	水平	1.6	200	70	24	36	20
6.0	60°V	横	1.6	200 180	70 70	23 24	45 45	20 20
6.0	60°V	立	1.2	180 90	70 50	23 19	6 1.5	20 20
6.0	60°V	仰	1.2	180 120	70 60	23 20	6 2	20 20

技能要求

一、工作准备

1. 材料准备：钢板12Cr18Ni9 300 mm×150 mm×12 mm、ER308L（ϕ1.2 mm）。

2. 设备：焊机NBM350。

3. 工具：角磨机、敲渣锤、直尺、钢丝刷等。

4. 防护用具：防护眼镜、手套、工作服、防护皮鞋等。

二、工作程序

1. 坡口形式及尺寸

坡口形式 V 形，坡口角度 30° ±2°，钝边 0 ~ 1. 0 mm（打磨得到），坡口底边直线度误差 1/100，如图 2—12 所示。

2. 定位焊及反变形

定位焊时，点焊应在坡口内进行。点焊长度 < 10 mm，点焊层厚度 3 ~ 4 mm。为保证焊后角变形尺寸，因此焊前试板必须预留反变形，如图 2—13 所示。

三、焊接设备的选择

焊接设备选用 NBW—350，检查电、气路是否畅通，送丝机构是否正常，送丝轮槽是否合适。

四、焊接参数

焊接参数见表 2—15。

表 2—15　焊接参数

层次	焊丝直径（mm）	脉冲电流（A）	基值电流（A）	焊接电压（V）	脉冲频率（Hz）	伸出长度（mm）	焊接速度（cm/min）	气体流量（L/min）
1	1. 2	120 ~ 130	60 ~ 65	20 ~ 22	50	10 ~ 12	7 ~ 9	12 ~ 15
2	1. 2	140 ~ 160	60 ~ 65	22 ~ 24	100	12 ~ 15	5 ~ 6	12 ~ 15
3	1. 2	130 ~ 150	60 ~ 65	21 ~ 23	100	12 ~ 15	5. 5 ~ 6. 5	12 ~ 15

五、焊接操作要点

焊枪角度与焊接工艺：采用右向焊法，三层三道，焊枪角度如图 2—30 所示。

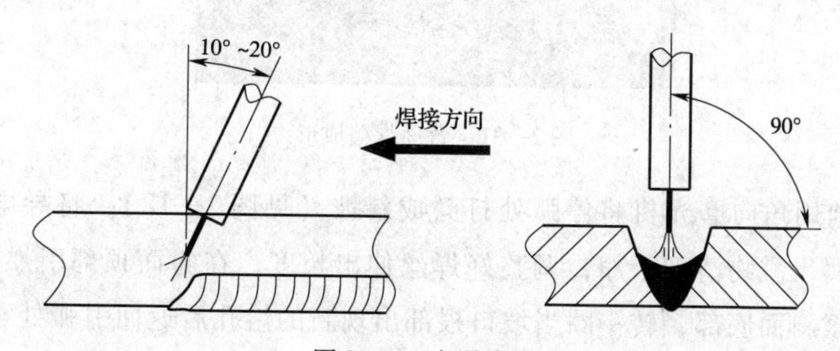

图 2—30　焊枪角度

试板位置：焊前先检查试板反变形及装配间隙是否合适，调整好定位高度，将试板坡口朝上放在水平位置，间隙小的一端放在右侧夹持固定好。

要有正确的持枪姿势，焊接时用身体的某个部位承担焊枪的重量，手臂能处于自由状态，手腕能灵活带动焊枪平移或转动，不感到太累。将送丝机放在合适的位置，软管电缆最小的曲率半径要大于300 mm，保证焊枪能在需焊接的范围内自由移动；焊接过程中，焊工必须使焊枪与工件保持合适的相对位置，主要是正确控制焊枪和喷嘴高度，既要维持焊枪倾角不变，还能清楚方便地观察熔池，控制焊缝形状，又能可靠地保护熔池，防止出现缺陷。

整个焊接过程中，必须保持焊枪匀速前移，才能获得满意的焊缝。通常焊工可根据焊接电流的大小、熔池的形状、工件熔合情况、装配间隙、钝边大小等情况，调整焊枪前移速度，力求匀速前进。

1. 打底焊

调整好打底层焊接参数后，焊接过程中不能让电弧脱离熔池，注意保持合适的焊枪角度和电弧在熔池上的位置，电弧尽量靠近熔池中后部分，防止背面的焊缝过高或焊瘤等缺陷，在保证熔透的条件下，尽量减少熔孔尺寸，以熔化坡口钝边每侧0.5 mm。为避免坡口内侧液态金属下淌，焊接中注意电弧在坡口两侧停顿时间，即采用小幅度的锯齿形摆动（见图2—16），中间速度要稍快，从而保证获得满意的正、背两面焊缝成形（见图2—31）。打底焊缝厚度如图2—17所示。

图2—31　背面焊缝成形

接头前用角向磨光机将停弧处打磨成斜坡（见图2—18），将导电嘴和喷嘴内的金属飞溅物清理干净，调整好焊丝伸出长度，在斜面顶部引燃电弧后，将电弧移至斜面底部，转一圈当坡口根部出现新的熔孔后返回引弧处再继续焊接（见图2—19）。

2. 填充焊

填充层焊接前，将打底层焊缝表面的污物和飞溅颗粒清理干净，接头部位凸起的地方用角向磨光机打磨掉（见图 2—20），调整好填充层焊接工艺参数后，焊枪与焊接方向的夹角与打底层相同，在试板右端引弧，焊枪以稍大的横向摆动幅度开始向左焊接，在坡口两侧的停留时间也应稍长，避免焊道中间下坠（见图 2—21）。保证填充层焊道表面应距试板下表面 1.5 ~ 2.0 mm，必须注意不能熔化坡口的棱边。

3. 盖面焊

盖面层焊接前先将填充层焊缝表面及坡口边缘棱角处清理干净。调整好盖面层焊接工艺参数后，从右到左进行盖面层的焊接。盖面层焊接时所用的焊枪角度和横向摆动方法与填充焊接层焊接时相同，焊接过程中要根据填充层的高度、宽度，调整好焊接速度，在坡口边缘棱角处，电弧要适当停留（见图 2—32），但电弧不得深入坡口边缘太多，尽可能地保证摆动幅度均匀平稳，使焊缝平直均匀，不产生两侧的咬边等缺陷（见图 2—33）。

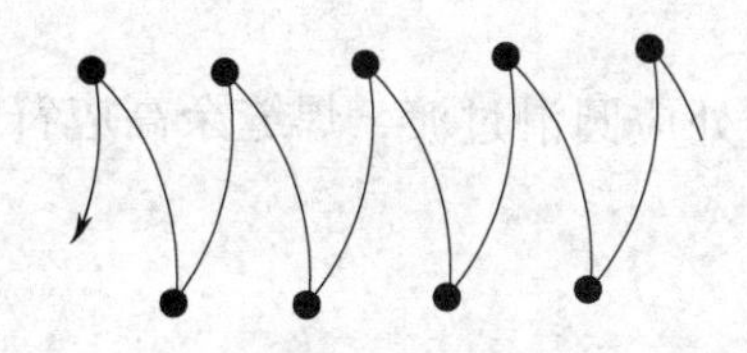

图 2—32　盖面层、填充层运条方法

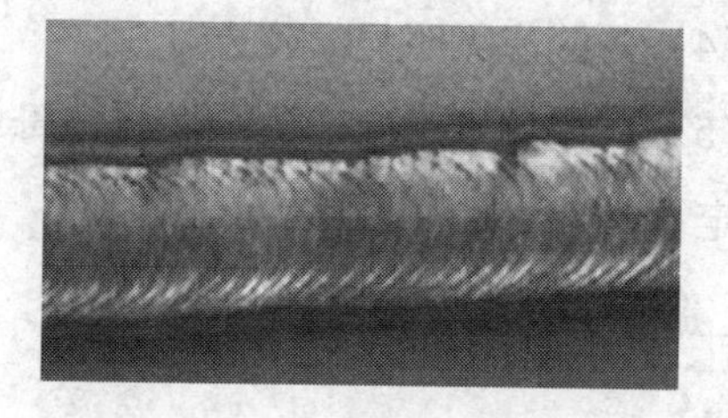

图 2—33　盖面焊缝外观成形

学习单元 2　焊后外观质量检验

学习目标

➢ 掌握不锈钢板对接平焊的富氩混合气体熔化极脉冲气体保护焊外观质量的检验。

知识要求

外观检验的目的就是检验焊缝的表面质量，即检验焊缝外观形状尺寸（焊缝余高、焊缝宽度、焊缝与母材圆滑过渡情况等）和表面缺陷（如咬边、弧坑、气孔、夹渣等）。对于不符合要求的形状、尺寸应进行修磨。对于不允许存在的表面焊接缺陷，应通过补焊消除，因为这些缺陷的存在将会使接头产生应力集中，降低接头的疲劳强度，甚至可能成为疲劳裂纹源，例如，对接焊缝的余高对焊接接头疲劳强度就有明显影响。

检查焊缝表面的咬边、弧坑、气孔、裂纹、表面氧化等缺陷通常采用外观检查和着色探伤方法进行，发现上述缺陷时主要从焊接工艺、焊接条件等方面查找原因，如焊接电流、焊接速度、氩气质量、坡口尺寸、室内环境等是否合适。

一、焊缝质量的外观检验要求

所有焊缝在冷却至室温后都应进行外观检验，合格的焊缝应该具备如下条件：

（1）无裂纹。

（2）焊道之间及焊道与母材之间应该完全熔合。

（3）所有弧坑均饱满，符合焊缝尺寸要求。

（4）焊缝应无明显的咬边。

（5）焊缝的宽度应均匀，焊缝与母材连接处应圆滑过渡，焊缝余高应符合标准规定。

二、外观检验分类

1. 直接外观检验

用于眼睛能充分接近被检验焊接件，直接观察和分辨焊接缺陷形貌的场合。一般目视距离400～600 mm。在检验过程中可以采用适当的照明，利用反光镜调节照射角度和观察角度，或借助于低倍放大镜进行观察，以提高肉眼发现和分辨焊接缺陷的能力。

2. 间接外观检验

用于眼睛不能接近被焊结构件的场合，如直径较小的管子及焊制的小直径容器内表面的焊缝等。间接外观检验必须借助于工业内窥镜等进行观察试验，这些设备的分辨能力至少应具备相当于直接外观检验所获得检验效果的能力。

第3章

非熔化极气体保护焊

第1节 管径≤76 mm 低合金钢管对接水平和垂直固定、45°固定加排管障碍的手工钨极氩弧焊

学习目标

➤ 掌握管径≤76 mm 低合金钢管水平固定对接、垂直固定对接、45°固定对接加排管障碍手工钨极氩弧焊技术。

知识要求1

一、手工钨极氩弧焊的特点和焊接参数

钨极气体保护焊是利用高熔点钨棒作为一个电极，以工件作为另一个电极，并利用氩气、氦气或氩氦混合气体作为保护介质的一种焊接方法。我国通常只采用氩气做保护气，简称 TIG（Tungsten Inert Gas Welding）焊或 GTAW（Gas Tungsten Arc Welding）。它是用电弧的热量来熔化金属，用氩气保护熔池。图3—1 为钨极氩弧焊示意图。

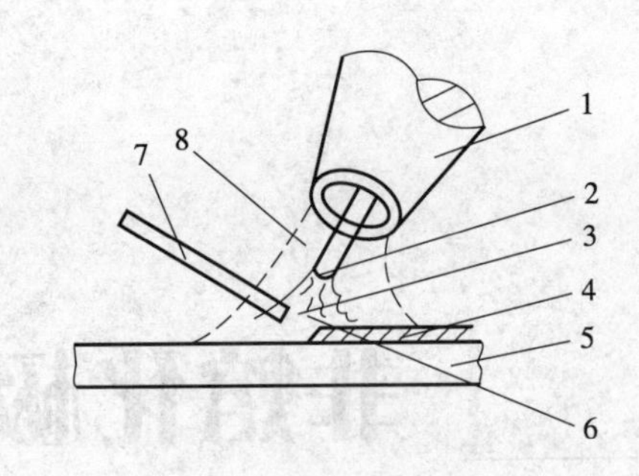

图3—1 钨极氩弧焊示意图

1—喷嘴 2—钨极 3—电弧 4—焊缝 5—工件

6—熔池 7—填充焊丝 8—氩气

1. 手工钨极氩弧焊的特点

（1）手工钨极氩弧焊的优点

1）焊接过程稳定、电弧能量参数可精确控制。氩气是单原子分子，稳定性好，在高温下不分解、不吸热、热导率很小。因此，电弧的热量损失少，电弧一旦引燃，就能够稳定燃烧；另一方面，钨棒本身不会产生熔滴过渡，弧长变化干扰因素相对较少，也有助于电弧的稳定燃烧。

2）焊接质量好。氩气是一种惰性气体，它既不溶于液态金属，又不与金属起任何化学反应；而且氩气比空气重25%，有利于形成良好的气体隔离层，有效地阻止氧、氮等侵入焊缝金属。

3）适于薄板焊接、全位置焊接以及不加衬垫的单面焊双面成形工艺。即使是用几安培的小电流，钨极氩弧仍能稳定燃烧，而且热量相对较集中，因此可焊接0.3 mm的薄板；采用脉冲TIG焊工艺，通过调节脉冲电流、基值电流的大小及持续时间，可精确地控制对工件的热输入和熔池尺寸，焊缝熔深均匀，热影响区窄，工件变形小，特别适于全位置焊接以及不加衬垫的单面焊双面成形焊接。

4）焊接过程易于实现自动化。TIG焊的电弧是明弧，焊接过程参数稳定，易于检测及控制，是理想的自动化乃至机器人化的焊接方法。

5）焊缝区无熔渣，焊工可清楚地看到熔池和焊缝成形过程。

（2）手工钨极氩弧焊的缺点

1）抗风能力差。TIG焊利用气体进行保护，抗侧向风的能力较差。侧向风较小时，可降低喷嘴至工件间的距离，同时增大保护气体的流量；侧向风较大时，必须采取防风措施。

2）对工件清理要求较高。由于采用惰性气体进行保护，无冶金脱氧或去氢作用，为了避免气孔、裂纹等缺陷，焊前必须严格去除工件上的油污、铁锈等。

3）生产率低。由于钨极的载流能力有限，尤其是交流焊时钨极的许用电流更低，致使 TIG 焊的熔透能力较低，焊接速度小，焊接生产率低。

2. 手工钨极氩弧焊的焊接参数

手工钨极氩弧焊时，它的焊接参数，决定于焊件的材质。低碳钢、低合金钢的焊接参数见表 3—1。

表 3—1　焊接参数（参考值）

板厚（mm）	电流（A）（直接电流）	焊丝直径（mm）	焊接速度（mm/min）	气体流量（L/min）
0.9	100	1.6	300～370	7～8
1.2	100～125	1.6	300～450	7～8
1.5	100～140	1.6	300～450	7～8
2.3	140～170	2.4	300～450	7～8
3.2	150～200	3.2	250～300	7～8

（1）钨极直径与端部形状

钨极直径和端部形状对钨极氩弧焊的电弧稳定性和焊缝成形有很大影响。

1）钨极直径的选择。根据材质、厚度、坡口形式、焊接位置、焊接电流、电源极性进行选择。焊接时，当电流超过允许值时，钨极会强烈发热熔化和挥发，使电弧不稳定并会产生焊缝夹钨等缺陷。不同电源极性和不同直径钨极的许用电流范围见表 3—2。

表 3—2　不同直径钨极许用电流范围（参考值）

电源极性	钨极直径（mm）					
	1.0	1.6	2.4	3.2	4.0	5.0
	许用电流范围（A）					
直流正接	15～80	70～150	150～250	250～400	400～500	500～750
直流反接	—	10～20	15～30	25～40	40～55	55～80
交流	20～60	60～120	100～180	160～250	200～320	290～390

2）钨极端部形状的影响。钨极端部的形状，对焊接电弧的稳定性及焊缝的成形影响很大。在使用直流正接时，钨极端部呈锥形或钝头锥形，易于高频引弧，且起弧后电弧稳定。钨极端部的锥角越小，焊道宽度越小，熔深增加。但若过小，则电弧的伞形倾向也越大，钨极端部烧损严重。随着钨极端部直径的增大，电弧柱状倾向也大，易于集中而稳定。但钨极端部直径增大到一定数值后，反而会使电弧漂移不稳定，如图 3—2 所示。

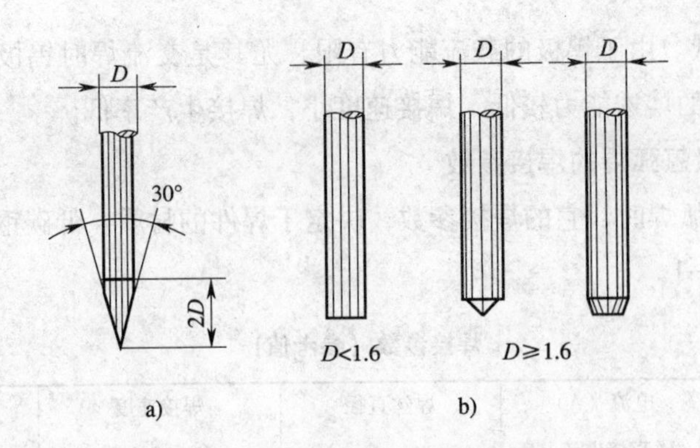

图3—2　TIG焊钨极尖部的形状

a）直流正接小电流　b）交流及直流正接大电流

（2）氩弧焊

由于氩气保护层是柔性的，故极易受到外界因素的干扰而遭破坏。其保护效果与下列因素有关：

1）氩气纯度与流量。气体流量越大，保护层抵抗流动空气影响的能力越强。但流量过大时，气流会产生紊流，使空气卷入反而降低了保护效果。所以气体流量要选择恰当。气体在流出喷嘴后，还能保持一段距离，将空气隔离而起到保护作用，称为层流。氩气纯度越高，保护效果越好。氩气的保护效果可按焊缝表面的色泽来判别，见表3—3。

表3—3　焊缝表面色泽与氩气保护效果

材料	最好	良好	较好	不良	最坏
不锈钢	银白、金黄	蓝色	红灰	灰色	黑色
钛合金	亮银白色	橙黄色	蓝紫（带乳白色）	青灰色	一层白色氧化钛粉

2）喷嘴直径与气体流量。同时增大，则保护区也增大；但喷嘴直径过大时，会影响焊工视线。一般推荐喷嘴直径为5～14 mm，依焊接位置及坡口形状而定。

3）喷嘴至工件距离。喷嘴距工件越远，则保护效果越差；反之，保护效果越好，但过近时，操作不便，一般推荐距离为10 mm。

4）焊接速度与外界气流。焊接速度过快，由于空气阻力对保护气层的影响或遇到侧向气流的侵袭，则保护气层会偏离钨极与熔池，使保护效果变坏。所以焊接速度应在焊接电流恰当的条件下，依熔池的形状及两侧熔合情况而调节。

5）焊接接头形式。在对接与T形接头时，由于氩气被挡住而反射回来，故保护效果良好，但在搭接和角接接头时，因空气容易侵入电弧区，故保护效果较差。

6）被焊金属材料。对氧化或氮化非常敏感的金属及其合金，氩弧焊时，除正面受氩气保护外，在焊件背面，做专用工装也要进行保护。

另外，焊接电流、电弧电压、焊炬倾角、钨极伸出喷嘴长度等，对保护效果均有一定影响。为了得到质量好的氩弧焊缝，上述各因素应综合考虑。

二、低合金结构钢及珠光体耐热钢的焊接性、焊接工艺和焊接方法

1. 低合金结构钢

低合金结构钢的类型很多，使用领域很广泛，常用的低合金结构钢大致可分为两大类型：一类是强度用钢，主要是根据强度来选用；另一类是特殊用钢，主要是为满足一些特殊的使用性能和要求。

（1）焊接性

低合金结构钢的焊接性与低碳钢相比，热影响区淬火倾向比低碳钢稍大，对氢的敏感度较强，尤其在焊接接头受较大拘束应力时，容易产生各种裂纹。同时，在厚板结构中，受焊接热循环及热输入的作用，使热影响区组织性能发生变化，增大了脆性裂纹的倾向。因此，焊接该类钢时的主要问题是在焊接工艺上应正确制定和控制裂纹和脆性。

这类钢热影响区易出现硬的脆性组织，硬度明显增高，热影响区塑性、韧性降低，抗应力腐蚀性能恶化，冷裂纹倾向增大。热影响区淬硬倾向主要取决于钢材的合金元素，如铬、锰、钒、硅、铌、铝、硼等，对焊接性都有一定的影响。

1）裂纹的产生。在强度级别较高的厚板结构中，例如 500 MPa 级的 18MnMoNb、14MnMoVN 等焊接结构件中容易产生，而母材强度级别较低的钢材，如 300MPa 级的 09Mn2、09MnV、12Mn 等淬硬倾向很小，产生冷裂纹的倾向不大，热影响区淬硬倾向也较小，一般不需采取特殊的焊接工艺。只是在厚板、接头拘束度高以及低温下焊接时，为防止冷裂纹，在焊接工艺上应采取相应的措施。

2）热裂纹倾向。虽然在低合金结构钢的焊接中，热裂纹的产生倾向比冷裂纹倾向小，但在焊接熔池中因冶金因素的影响，如化学成分、组织偏析及力的因素，杂质较富集的低熔点液相被排挤在晶界上，形成“液态间层”，在该温度区间内，当拉伸变形超过了晶界液态间层的变形能力，又得不到新的液相补充时，就可能引起热裂纹的产生，或在厚板结构焊接中，焊缝成形系数控制不当，焊缝深而窄，焊缝结晶时，低熔点的有害杂质（主要是碳、硫）不容易从熔池中浮出，积聚在结晶交界面上形成热裂纹。

3）再热裂纹倾向。随着焊接构件向着高参数大容量方向发展而结构增大，截

面增厚，在经受了一次焊接热循环后，为消除应力而进行的热处理过程中或在高温的工作条件下，焊接接头中有明显的再热裂纹倾向。

4）淬硬倾向。低合金结构钢的焊接热影响区的过热组织是魏氏体组织或淬硬组织，是整个焊接接头中塑性与韧性最差的区域，又叫脆性区。

（2）焊接工艺

1）焊前准备。

①坡口加工。一般可用火焰切割或碳弧气刨，要求精度高时，可采用机械加工。火焰切割时，须注意母材的过热软化（对调质钢）和淬硬脆化（对淬硬倾向高的钢）。坡口边用冷剪切时，应注意加工硬化。

②坡口清理。坡口两侧应去除水、油、锈及脏物等。

③严格控制焊接材料的硫磷含量。应根据母材的强度等级选用相应强度级别的焊接材料，不应选择与母材化学成分相同的焊接材料。

④装配。装配间隙不可过大，要尽量避免强制装配，定位焊焊缝要有足够的厚度和长度（对较薄的板不小于4倍板厚），必须采用与正式焊缝同一类型的焊条（强度等级可略低），定位焊时预热与否同正式焊缝，严禁在非焊接处任意打弧。

2）线能量的选择。控制焊接热输入是焊接低合金结构钢的一个重要原则。对强度等级为300 MPa的钢材，焊接热输入一般不加严格限制。对强度等级为350 MPa以上的钢材，焊接热输入应与其他参数（如板厚、预热温度、层间温度）相关联考虑，确定一个可用的热输入范围。热输入对焊缝金属的抗冷裂性及力学性能有着明显影响，随着强度级别的提高，这一影响显著增大。

3）预热、层间保温及后热。预热可起防止冷裂纹，降低冷却速度，减小焊接应力的作用，与适当的焊接热输入配合还可控制焊接接头的组织与性能。常用低合金结构钢的焊接预热温度推荐值见表3—4。为保持预热的作用并促进焊缝和热影响区中的氢扩散逸出，层间温度通常应等于或略高于预热温度，预热与层间温度过高，均可能引起某些焊接接头组织与性能的恶化。

表3—4　常用低合金结构钢预热温度推荐值

屈服强度 R_e（MPa）	钢号举例	厚度（mm）	预热温度（℃）
343	16MnR、16Mng、14MnNb	32	100～150
392～441	15MnV、15MnVN		
490～686	18MnMoNb、14MnMoVR	15	150～200
	14MnMoNbB		200

注：层间温度应不低于预热温度。

后热可加速氢的扩散逸出，主要用于强度级别较高的低合金结构钢和大厚度的焊接结构。后热温度一般在200～300℃范围内，保温时间与焊接厚度有关，一般为2～6 h，后热也叫“消氢处理”。如焊接工艺中已确定焊后要立即热处理，则后热可省略。

预热、层间保温及后热的加热，应在坡口两侧75～100 mm范围内，保持一个均热带。测温点在距坡口75～100 mm处，在焊缝的背面进行加热。

2. 珠光体耐热钢

珠光体耐热钢是低合金耐热钢，以铬、钼、钒为主要合金元素。这类钢主要用来制造动力设备中的锅炉、汽轮机等设备的受压元件。这些受压元件长期在高温、高压条件下工作，要求有较高的抗蠕变性能和持久强度，还要求组织稳定。

珠光体耐热钢有两个特殊性能，一是高温强度（又叫抗热性），二是高温抗氧化性（又叫热稳定性）。

衡量耐热钢高温强度的指标有两个，一个是蠕变强度，一个是持久强度。

蠕变强度表明金属在高温时，单位面积上受一定的力便开始蠕变，此应力即为该金属的蠕变强度。所以，由负荷引起的应力不能大于蠕变强度。

持久强度表明金属在高温时，单位面积上长期受一定的力便会断裂，此应力即为该金属的持久强度。所以，使用时由负荷产生的应力不能大于持久强度。

影响耐热钢高温强度大小的主要因素是钢的化学成分。钼元素的熔点很高，因而能显著提高金属的高温强度，所以珠光体铬钼耐热钢都含有钼。

在钢中加入铬，由于铬和氧的亲和力比铁和氧的亲和力强，高温时，在金属表面首先形成氧化铬，形成一层保护膜，从而防止内部金属氧化。所以珠光体耐热钢中一般都含有铬，铬除了能提高钢的高温抗氧化性外，还可以提高钢的高温耐腐蚀性。

铬钼耐热钢中常加入一些钒，组成铬钼钒钢。加入钒后，能强烈的形成碳化钒，它呈弥散状态分布，能阻碍高温时金属组织的塑性变形。另外，加入钒后，由于碳与钒的化合，保证钼能全部进入固溶体中。钒的这两个作用都有利于提高高温强度。

鉴于上述原因，焊接耐热钢时，要求焊缝金属具有良好的抗氧化能力，较高的蠕变强度及持久强度。同时又要求焊缝金属的组织有足够的稳定性，焊缝金属的化学成分应最大限度接近母材的化学成分，以保证高温下性能的一致。否则在长期高温高压的工况条件下运行，焊接接头的持久强度和塑性会降低，或高温时焊缝金属过早地被氧化。

（1）焊接性

由于该类钢种各合金元素的共同作用，在焊接时，如果冷却速度较大，有明显的空淬倾向，极易形成淬硬组织，尤其在热影响区，产生脆而硬的马氏体组织，在拘束应力作用下而产生冷裂纹。淬硬程度取决于冷却速度与合金元素的含量，钢中含碳、铬量越多，淬硬倾向越大。预热使焊接接头的冷却速度，尤其是低温阶段的冷却速度减缓，使热影响区不易形成淬硬组织，能防止冷裂纹的产生。

该类钢因含有对再热裂纹敏感的元素较多，如钼、铌、钒、硼等，加上焊后的重复加热（热处理及其他热加工）时，应考虑采取防止再热裂纹的措施。

（2）焊接工艺

1）焊接方法。主要采用焊条电弧焊，手工钨极氩弧焊或手工钨极氩弧焊打底、焊条电弧焊填充并盖面。气焊在一些薄壁小口径管子对接中是主要方法之一，但重要的高压管道大多趋向于手工钨极氩弧焊打底、焊条电弧焊盖面。

2）施焊要求。定位焊和正式施焊前都需要预热（小口径薄壁管对接视情况可不预热）。预热温度见表3—5。

表3—5　常用珠光体耐热钢焊前预热和焊后热处理温度

钢号	壁厚（mm）	焊前预热（℃）	焊后热处理（℃）
12CrMo	>10	>150	650~700
15CrMo	>10	>150	680~700
20CrMo	任何厚度	>200	720~760
12CrMoV	>6	150~200	720~760

可整体预热或局部预热。刚性大，对焊接质量要求高的结构一般宜整体预热，并在整个焊接过程中使焊件的层间温度不低于预热温度。焊接过程如必须间断，则应使焊件经保温后再缓慢均匀冷却；再施焊前，重新按原要求预热，不允许强制装配。厚板结构宜采用多层多道焊，增加焊缝的“自回火”作用。气焊宜用中性焰，焊道不宜太厚，保持较小的熔池，焊接结束后要逐渐移去火焰。为降低裂纹倾向，应尽量减少对焊接接头的拘束度。焊后一般要求采取保温措施，重要的结构焊后还须经后热处理（在预热温度上限值保温数小时后再开始缓冷）。为减少焊接接头的缺口敏感性，焊接工艺条件应明文防止产生裂纹、夹渣、未焊透等缺陷，也不允许有过大的焊缝加强高。

3）焊后热处理。为了消除焊接应力，改善焊接接头的综合力学性能，提高高温性能和防止变形，焊后必须进行热处理。一般用高温回火，由于该类钢有延迟裂纹倾向，焊后尽可能立即热处理，如果焊后不能立即进行热处理时，则增加消氢措施，温度为 200～350℃，保温时间视壁厚而定。

（3）焊接材料

珠光体耐热钢焊接材料的选择原则，应保证焊缝金属化学成分和力学性能与母材相当，常用珠光体耐热钢焊接材料选择见表 3—6。焊条在使用前应按规定严格烘焙，按焊条使用规定进行发放和回收。

表 3—6　　常用珠光体耐热钢焊接材料选择

焊接钢材	焊条	气体保护焊焊丝（Ar）	气焊焊丝
12CrMo	E5515 - B1R207	H08CrMnSiMo	H10CrMo
15CrMo	E5515 - B2R307	H05Cr1MoTiRE	H10CrMo
20CrMo	E5515 - B2 - VR317	H05Cr1MoVTiRE	H08CrMoV
12CrMoV	E5515 - B2 - VR317	H08CrMnSiMoV	H08CrMoV

三、操作要求和原则

小口径钢管管排固定对接（如水平固定对接、垂直固定对接、一定角度固定对接）主要用于电站锅炉的受热面管子（如对流管束、膜式水冷壁、过热器、再热器、省煤器蛇形管系）的制造、安装过程中。其常用的低合金钢管为珠光体耐热钢，如 15CrMoG、12Cr1MoVG 等。

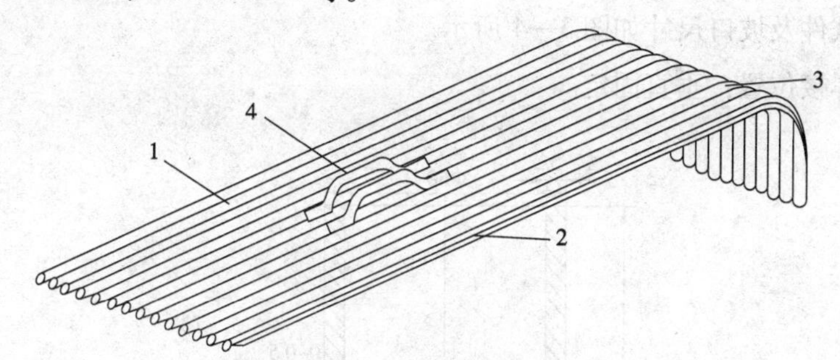

图 3—3　锅炉膜式水冷壁管屏

1—管子　2—扁钢　3—成排弯管　4—弯管

管径≤76 mm 低合金钢管水平固定对接、垂直固定对接、45°固定对接加排管障碍手工钨极氩弧焊正是基于上述实践应用而设定的技能考察项目。

管径≤76 mm 低合金钢管水平固定对接、垂直固定对接、45°固定对接加排管障碍手工钨极氩弧焊与不加排管障碍的管径≤76 mm 低合金钢管水平固定对接、垂直固定对接、45°固定对接手工钨极氩弧焊的基本焊接要求、操作手法等都是一样的，由于加排管障碍，要求操作者要根据实际障碍情况，灵活运用各种操作手法，避开障碍，完成焊接。

小口径钢管管排固定对接（如水平固定对接、垂直固定对接、一定角度固定对接）焊接操作技能要求：

1. 能掌握右手握枪、左手填丝和左手握枪、右手填丝的手工钨极氩弧焊技术。

2. 能采用连续送丝法进行焊接。

3. 能进行多层多道焊。

4. 必要时，可采用规格更小的喷嘴和焊枪。

5. 焊接时，对视线盲点，可采用反光镜进行观察；不过镜子中的影像与实际操作是相反的。

6. 由于施焊空间狭小，焊接时，要防止焊枪、焊丝与工件连电。

技能要求 1

管径≤76 mm 低合金钢管垂直固定对接加排管障碍手工钨极氩弧焊

一、焊前准备

1. 试件尺寸及要求

（1）试件材料：（Q345）16Mn。

（2）试件及坡口尺寸如图 3—4 所示。

（3）焊接位置：垂直固定。

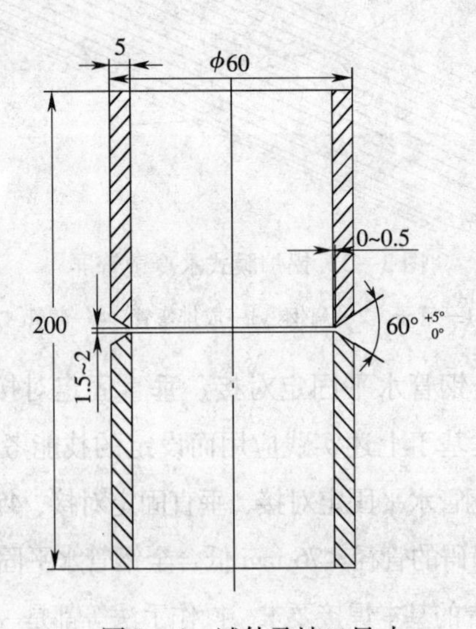

图 3—4　试件及坡口尺寸

(4) 焊接要求：单面焊双面成形，三只管子垂直固定成一排（一个平面），如图 3—5 所示，中间为试件焊管，管子间距为 30 mm。

(5) 焊接材料：焊丝 ER50—6，直径 $\phi2.5$ mm。电极为铈钨极，为使电弧稳定，将其尖角磨成如图 3—6 所示的形状。氩气纯度 99.99%。

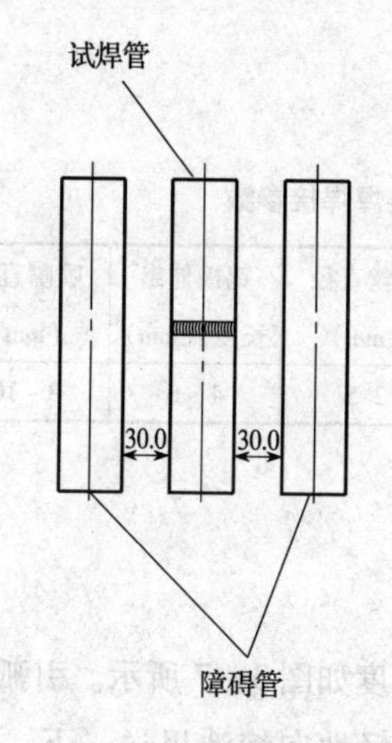

图 3—5　管子垂直固定对接加排管障碍示意图

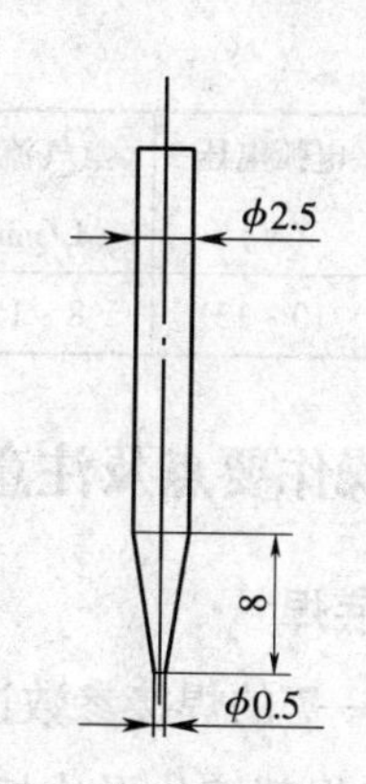

图 3—6　钨极尺寸

(6) 焊接设备：WS—300，直流正接。

2. 准备工作

(1) 氩弧焊机使用前，应检查焊机各处的接线是否正确、牢固、可靠，按要求调试好焊接参数。同时应检查氩弧焊系统水冷却有无堵塞、泄漏，如发现故障应及时解决。

(2) 清理坡口及其正、反两面两侧 20 mm 范围内和焊丝表面的油污、锈蚀，用砂轮磨光机或砂纸打磨，直至露出金属光泽。

(3) 准备好工作服、焊工手套、护脚、面罩、钢丝刷、锉刀、管道直磨机、角向磨光机和焊缝量尺等。

3. 试件装配

(1) 装配间隙

装配间隙为 1.5 ~ 2.0 mm。

(2) 定位焊

采用手工钨极氩弧焊、一点定位，并保证该处间隙为 2 mm。定位焊长度一般约为 10 mm，将定位焊焊点接头端打磨成斜坡。定位焊焊点要注意尽量避开障碍。

采用与焊接试件相应型号的焊接材料进行定位焊。将试件固定于垂直位置。三对管子间距30 mm，中间用宽为30 mm的钢板定位固定。

（3）错边量

错边量一般小于0.5 mm。

二、焊接参数（见表3—7）

表3—7　　小径管垂直固定对接焊焊接参数

焊接电流（A）	电弧电压（V）	氩气流量（L/min）	钨极直径（mm）	焊丝直径（mm）	钨极伸出长度（mm）	喷嘴直径（mm）	喷嘴至工件距离（mm）
90~110	10~13	8~11	2.5	2.5	4~6	8~10	≤8

三、操作要点及注意事项

1. 打底焊

按表3—7的焊接参数进行焊接，焊枪角度如图3—7所示。引弧时，先不加焊丝，待坡口根部熔化形成熔池后，将焊丝轻轻地向熔池里送一下，同时向管内摆动，将液态金属送到坡口根部，以保证背面焊缝的高度。填充焊丝的同时，焊枪小幅度作横向摆动并向左均匀移动。

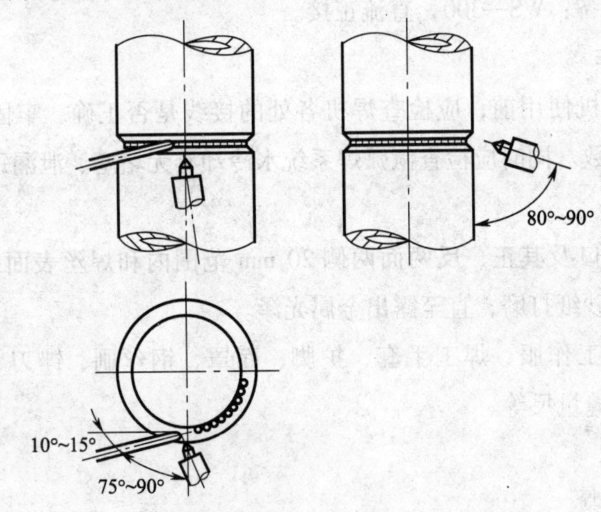

图3—7　垂直固定管氩弧焊打底焊时的焊枪角度

在焊接过程中填充焊丝以往复运动方式间断地送入电弧内的熔池前方，在熔池前呈滴状加入。焊丝送进速度要均匀，不能时快时慢，在整个施焊过程中，应保持等速送丝，焊丝端部始终处于氩气保护区内。这样才能保证焊缝质量且成形美观。

当焊工要移动位置、暂停焊接时，应按收弧要点操作。焊工再进行焊接时，焊前应将收弧处修磨成斜坡并清理干净，在斜坡上引弧，移至离接头约 10 mm 处焊枪不动，当获得清晰的熔池后，即可添加焊丝、继续从右向左进行焊接。

小径管道垂直固定打底焊，熔池的热量要集中在坡口下部，以防止上部坡口过热，母材熔化过多，产生咬边或焊缝背面下坠。

特殊情况下，由于焊接接头周围存在障碍，如能用左手从左向右进行焊接会取得很好的效果。

2. 盖面焊

清除打底焊道表面的焊渣，修平焊缝表面和接头局部，按照表 3—7 焊接参数进行焊接。

盖面层如需两道时，焊接顺序及焊枪角度如图 3—8 所示。

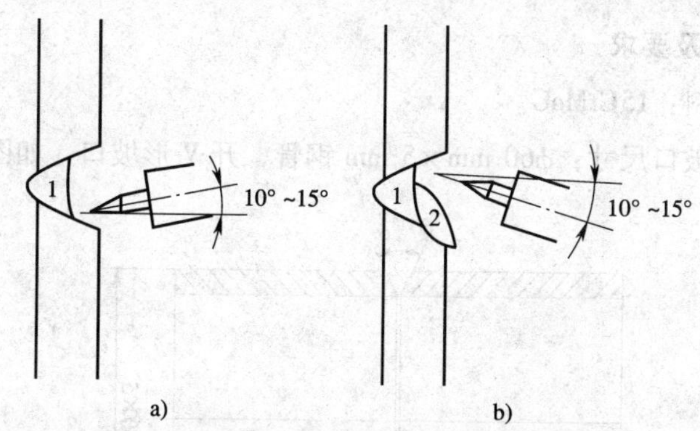

图 3—8　垂直固定管氩弧焊盖面焊时的焊枪角度

a）下侧焊道的焊接　b）上侧焊道的焊接

3. 焊后清理检查

焊接结束后，关闭焊机，用钢丝刷清理焊缝表面。用肉眼或低倍放大镜检查表面是否有气孔、裂纹、咬边等缺陷；用焊口检测尺测量焊缝外观成形尺寸。

技能要求 2

管径≤76 mm 低合金钢管水平固定对接加排管障碍手工钨极氩弧焊

管径≤76 mm 钢管对接水平固定的手工钨极氩弧焊比较困难，因为它的操作包括了所有空间焊接位置的焊接，如图 3—9 所示。

所以，要求焊工应熟练掌握各种空间位置的单面焊双面成形的手工钨极氩弧焊操作技能。

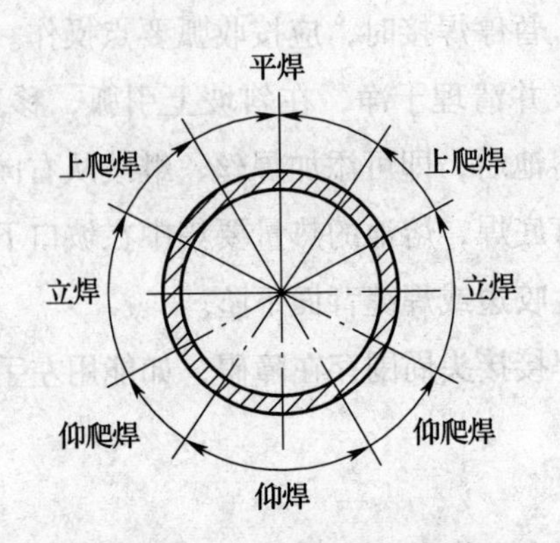

图3—9　水平固定管焊接位置分布图

一、焊前准备

1．试件尺寸及要求

（1）试件材料：15CrMoG。

（2）试件及坡口尺寸：ϕ60 mm×5 mm 钢管，开 V 形坡口，如图3—10所示。

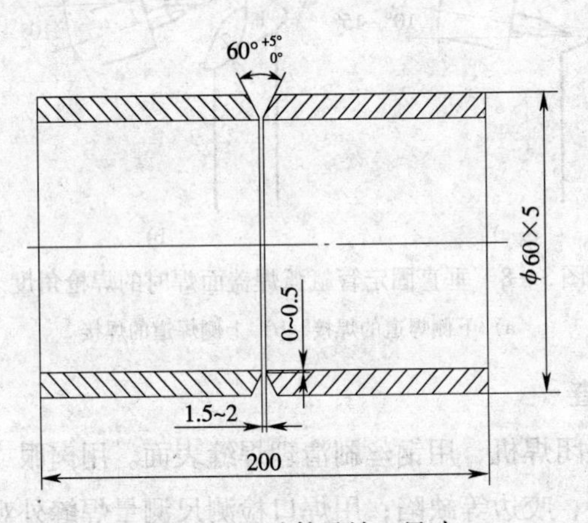

图3—10　试件及坡口尺寸

（3）焊接位置：水平固定。

（4）焊接要求：手工钨极氩弧焊打底、盖面，单面焊双面成形，三只管子水平固定成一排（一个平面），如图3—11所示，中间为试件焊管，管子间距为30 mm。

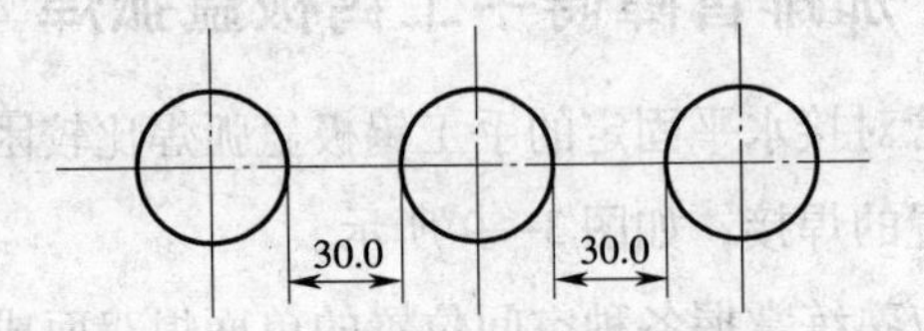

图3—11　管子水平固定对接加排管障碍示意图

（5）焊接材料：焊丝 H13CrMo，直径 ϕ2. 5 mm。电极为铈钨极，为使电弧稳定，将其尖角磨成如图 3—6 所示的形状。氩气纯度 99. 99%。

（6）焊接设备：WS—300，直流正接。

2. 准备工作

（1）氩弧焊机使用前，应检查焊机各处的接线是否正确、牢固、可靠；按要求调试好焊接参数。同时应检查氩弧焊系统水冷却有无堵塞、泄漏，如发现故障应及时解决。

（2）清理坡口及其正、反两面两侧 20 mm 范围内和焊丝表面的油污、锈蚀，用砂轮磨光机或砂纸打磨，直至露出金属光泽。

（3）准备好工作服、焊工手套、护脚、面罩、钢丝刷、锉刀、角向磨光机和焊口检测尺等。

3. 试件装配

（1）锉钝边

0 ~ 0. 5 mm。

（2）装配间隙

装配间隙为 1. 5 ~ 2. 0 mm。

（3）定位焊

采用手工钨极氩弧焊、一点定位，并保证该处间隙为 2 mm。定位焊长度一般约为 10 mm，将定位焊焊点接头端打磨成斜坡。定位焊焊点要注意尽量避开障碍。采用与焊接试件相应型号的焊接材料进行定位焊。将试件固定于水平位置。三只管子间距 30 mm，中间可用宽为 30 mm 的钢板定位固定。

（4）错边量

错边量一般小于 0. 5 mm。

二、焊接参数（见表 3—8）

表 3—8　　小径管水平固定对接焊焊接参数

焊接电流（A）	电弧电压（V）	氩气流量（L/min）	钨极直径（mm）	焊丝直径（mm）	钨极伸出长度（mm）	喷嘴直径（mm）	喷嘴至工件距离（mm）
75 ~ 115	10 ~ 14	8 ~ 12	2. 5	2. 5	4 ~ 6	8 ~ 10	≤8

三、操作要点及注意事项

焊缝分左右两个半圈进行，焊接前半圈时，起点和终点都要超过管子的垂直中心线5~10 mm。在仰焊位置起焊，平焊位置收弧，每个半圈都存在仰、立、平三个不同焊接位置。图3—12所示为水平固定管焊接顺序，图3—13所示为管子水平固定对接加排管障碍施焊顺序及方向。

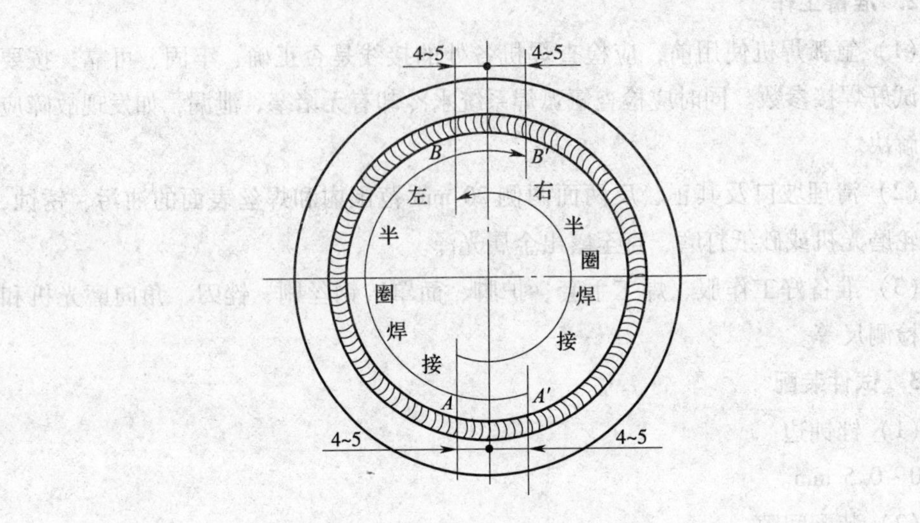

图3—12 水平固定管焊接顺序

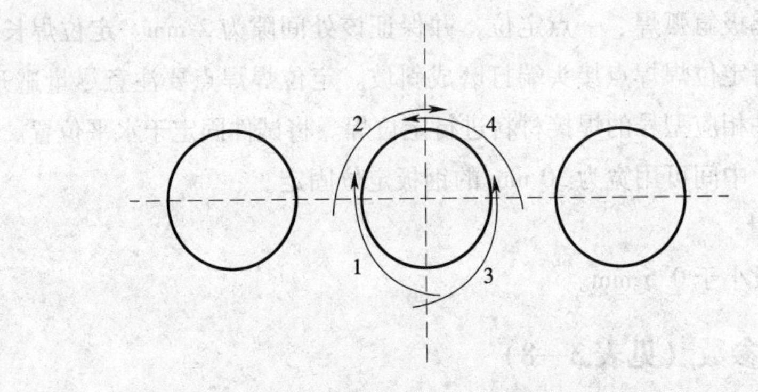

图3—13 管子水平固定对接加排管障碍施焊顺序及方向

1. 手工钨极氩弧焊打底

(1) 引弧

在管道横截面上相当于“时钟5点”位置（焊左半圈）和“时钟7点”位置（焊右半圈）引弧，如图3—14所示。引弧时，钨极端部应离开坡口面1~2mm。利用高频引弧装置引燃电弧；引弧后先不加焊丝，待根部钝边熔化形成熔池后，再填丝焊接。为使背面成形良好，熔化金属应送至坡口根部。为防止始焊处产生裂纹，始焊速度应稍慢并多填焊丝，以使焊缝加厚。

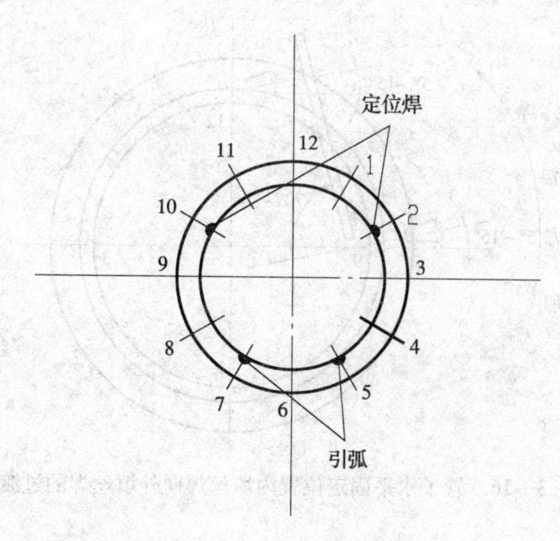

图3—14　定位焊及引弧点

（2）送丝

在管道根部横截面上，一般在焊接下部位置时常采用内填丝法，即焊丝处于坡口钝边内。在焊接横截面中、上部位置时，则应采用外填丝法（见图3—15、图3—16）。若全部采用外填丝法，则坡口间隙应适当减小，一般为1.5 ~2.5 mm。在整个施焊过程中，应保持等速送丝，焊丝端部始终处于氩气保护区内。

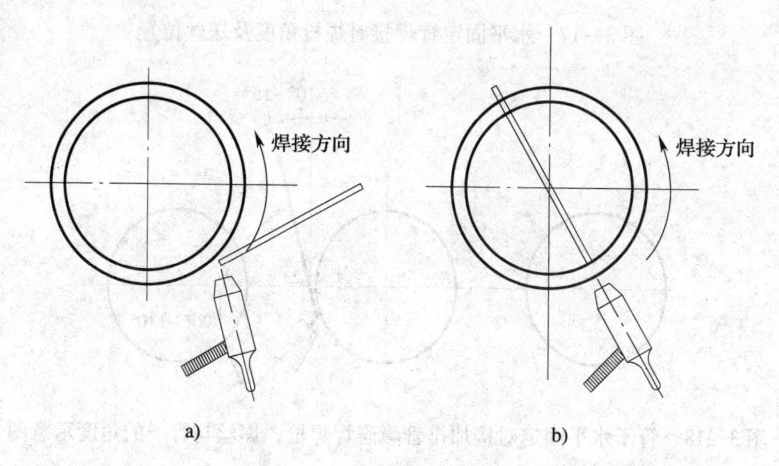

图3—15　两种不同填丝方法

a）外填丝法　b）内填丝法

（3）焊枪、焊丝与管的相对位置

钨极与管子轴线垂直，焊丝沿管子切线方向，与钨极成75° ~90°，如图3—16、图3—17、图3—18所示。

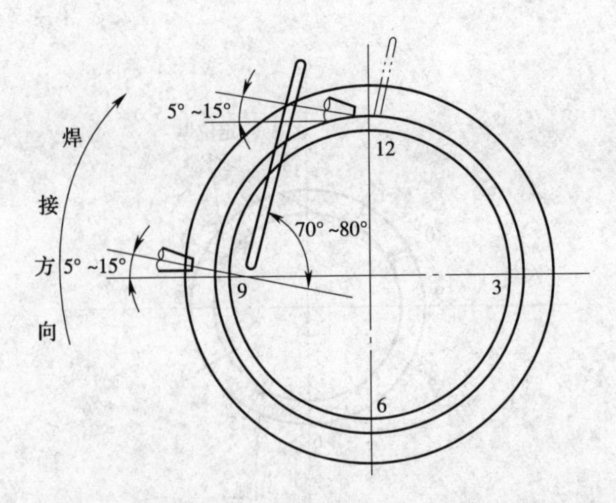

图 3—16　管子水平固定位置内填丝焊向外填丝焊的过渡

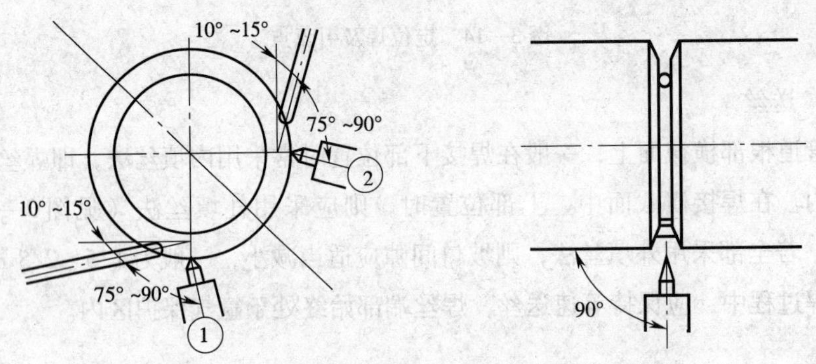

图 3—17　水平固定管焊接时焊枪角度及送丝位置

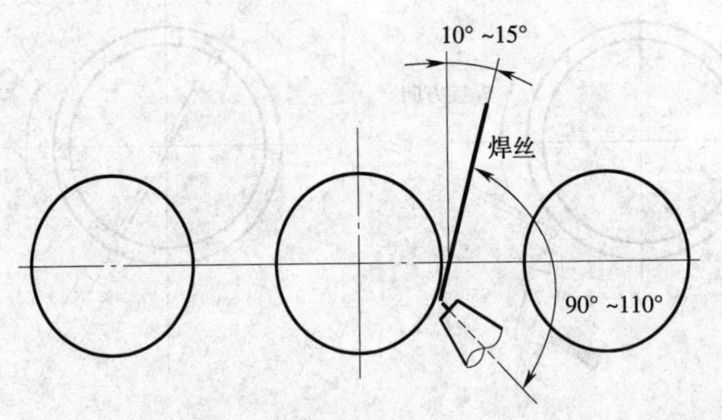

图 3—18　管子水平固定对接加排管障碍焊焊枪、焊丝与管子的角度示意图

（4）焊接

引燃电弧，控制电弧长度为 2 ~ 3 mm。此时，焊枪暂留在引弧处，待两侧钝边开始熔化时立刻送丝，使填充金属与钝边完全熔化形成明亮清晰的熔池后，焊枪匀速上移。伴随连续送丝，焊枪同时作小幅度锯齿形横向摆动。仰焊部位送丝时，应有意识地将焊丝往根部“推”，使管壁内部的焊缝成形饱满，以避免根部凹坑。当

焊至平焊位置时，焊枪略向后倾，焊接速度加快，以避免熔池温度过高而下坠。若熔池过大，可利用电流衰减功能，适当降低熔池温度，以避免仰焊位置焊缝出现凹坑或其他位置出现凸出。

（5）接头

若施焊过程中断或更换焊丝时，应先将收弧处焊缝打磨成斜坡状，在斜坡后约10 mm处重新引弧，电弧移至斜坡内形成熔池时稍加焊丝，当焊至斜坡端部出现熔孔后，立即送丝并转入正常焊接。焊至定位焊缝斜坡处接头时，电弧稍作停留，暂缓送丝，待熔池与斜坡端部完全熔化后再送丝。同时，焊枪应作小幅度摆动，使接头部位充分熔合，形成平整的接头。

（6）收弧

收弧时，应向熔池送入2～3滴填充金属使熔池饱满，同时将熔池逐步过渡到坡口侧，然后切断控制开关，电流衰减、熔池温度逐渐降低，熔池由大变小，形成椭圆形。电弧熄灭后，应延长对收弧处氩气保护，以避免氧化，出现弧坑裂纹及缩孔。

前半圈焊完后，应将仰焊起弧处焊缝端部修磨成斜坡状。后半圈施焊时，仰焊部位的接头方法与上述接头焊相同，其余部位焊接方法与前半圈相同。当焊至前半圈焊缝的收尾处，应继续往前焊与前半圈焊缝重叠5～10 mm，如图3—12、图3—17所示。

2. 手工钨极氩弧焊填充、盖面焊

清除打底焊道表面的焊渣，修平焊缝表面和接头局部，按照表3—8焊接参数进行焊接。

3. 焊后清理检查

焊接结束后，关闭焊机，用钢丝刷清理焊缝表面。用肉眼或低倍放大镜检查表面是否有气孔、裂纹、咬边等缺陷；用焊口检测尺测量焊缝外观成形尺寸。

技能要求3

管径≤76 mm低合金钢管对接45°固定加排管障碍的手工钨极氩弧焊

小直径低碳钢管45°固定的手工钨极氩弧焊操作要领：45°固定管的手工钨极氩弧焊与水平固定操作方法基本相同，焊接时由于管的倾斜，焊缝成形不如水平固定管的成形理想。45°固定管根部起焊位置与水平固定管的焊接要领相同，可以参照水平固定管焊接要领进行。

第2节　管径≤76 mm不锈钢管或异种钢管对接的水平固定、垂直固定和45°固定手工钨极氩弧焊

学习目标

掌握管径≤76 mm不锈钢管或异种钢管对接的水平固定、垂直固定和45°固定手工钨极氩弧焊技术。

知识要求

一、金属焊接性的定义

金属材料是一种常见的工程材料，它除了具备良好的强度韧性之外，往往还具有在高温、低温以及腐蚀介质中工作的能力，但是在焊接条件下，金属的性能会发生某些变化。

首先，对一些金属材料，可能在焊缝和热影响区形成裂纹、气孔、夹渣等一系列的宏观缺陷，破坏了金属材料焊接接头的连接性和完整性，直接影响到焊接接头的强度和气密性。另外，金属材料经过焊接之后，可能使它们的某些使用性能，如低温韧性、高温强度、耐腐蚀性能下降。因此，为了能够使焊接工艺将金属材料制成合格的焊接结构，这就要求不仅要了解金属材料本身的性能，而且还要了解金属材料进行焊接加工之后性能的变化，也就是要了解金属材料的焊接性问题。

金属材料的焊接性在国标GB 3375（焊接名词术语）中的解释是“金属材料对焊接加工的适应性，主要指在一定的焊接工艺条件下，能获得优质焊接接头的难易程度。它包括两方面的内容：其一是接合性，即在一定焊接工艺条件下，一定的金属形成焊接缺陷的敏感性；其二是使用性能，即在一定焊接工艺条件下，一定金属的焊接接头对使用要求的适应性”。说得更通俗些，焊接性就是指金属材料“好焊不好焊”以及焊成的焊接接头“好用不好用”。

二、影响金属焊接性的因素

焊接性是指金属材料的一种工艺性能，它既与材料本身的性质有关，又与工艺条件、结构形成和使用条件等因素有关。

1. 材料因素

母材本身的理化性能对其焊接性起着决定性的作用。比如，铝的化学性质很活泼，容易氧化、烧损，所以它的焊接比碳素结构钢困难得多。两异种金属（或两种以上）材料的焊接，则和它们各自的性能有关。一般说来，理化性能、晶体结构接近的金属材料比较容易实现焊接。

母材的理化性能，除影响到焊缝外，还影响到热影响区。例如，低碳钢的焊接性很好，它的热影响区组织对焊接线能量不敏感，可采用多种焊接方法焊接。而中碳调质钢的焊接性较差，它的热影响区组织对焊接热输入就较敏感，过小的热输入可能造成热影响区组织的冷裂纹和淬硬脆化；过大的热输入又可能造成热影响区组织的过热脆化和软化。所以，不仅要控制焊接热输入，还常要采用预热、缓冷等其他工艺措施。

应当指出，焊接材料对母材的焊接性也有很大的影响。通过调整焊接材料的成分和变化熔合比，可以在一定程度上改善母材的焊接性，例如，硬铝 LY12 使用同质焊丝几乎完全无法焊接，但若使用含 Si50% 的 SAlSi—1 铝合金焊丝则可有效地防止结晶裂纹。

2. 工艺因素

焊接方法对焊接性的影响很大，它主要体现在如下两个方面，即能量密度和保护条件。采用功率密度较大的焊接工艺方法，例如，激光焊、电子束焊、等离子弧焊等，可以大大减小热影响区的宽度，从而大大减少各种热影响区组织的缺陷，改善金属的焊接性。采用良好的保护方法，更是实现正常焊接过程的必要手段。在氩弧焊焊接方法采用之前，铝、铜、不锈钢、钛等金属材料的焊接是很困难的，很难获得良好的焊接接头。可是自从采用了保护良好的氩弧焊焊接方法后，使本来难焊的金属材料的焊接就容易得多。

除焊接方法之外，其他工艺措施，例如，预热、缓冷、后热、坡口处理、焊接顺序等也对焊接性有很大的影响。

3. 结构因素

焊接接头的结构设计直接影响到它的刚度、拘束应力的大小与方向。而这些又影响到焊接接头的各种裂纹倾向。尽量减小焊接接头的刚度、减小交叉焊缝、减小各种造成应力集中的因素，是改善金属焊接性的重要措施之一。

4. 使用条件

焊接接头所承受载荷的性质和工作温度的高低、工作介质的腐蚀性，均属于使用条件。使用条件的苛刻程度也必然影响到某种金属材料的焊接性。例如，普通的低碳钢虽然在焊接过程中不容易出现各种焊接缺陷，但是，其焊接接头的低温韧度却很差，不能用于低温下工作的重要焊接结构。又如，焊接接头在高温下工作，必须考虑到某些合金元素的扩散和整个结构的蠕变问题。承受冲击的焊接接头要考虑到脆性断裂的可能性。在腐蚀介质中工作的焊接接头，要考虑耐各种腐蚀破坏的可能性。总之，使用条件越苛刻，对焊接接头的质量要求越高，焊接性也就越难保证。

综上所述，焊接性与材料、工艺、结构和使用条件等因素都有着密切的关系，使用不应脱离开这些因素而单纯从材料本身的性能来评价焊接。因此很难找到一项技术指标可以概括金属材料的可焊性，只能通过多方面的研究对其进行综合评定。

三、金属焊接性的评定试验方法

金属焊接性的评定主要是通过各种焊接性试验来进行的。广义的焊接性试验包括对母材和焊接接头的一系列全面试验、分析。

1. 对母材进行的试验

（1）母材的化学成分分析。

（2）母材的力学性能试验，包括拉伸、弯曲、冲击等力学性能试验。根据产品特点有时还要做低温冲击、时效冲击、疲劳及蠕变试验等。

（3）母材的金相组织和硬度试验。

（4）母材的断裂韧性试验。

（5）母材的原材料缺陷检验。

2. 对焊接接头进行的检验

（1）焊缝金属化学成分分析。

（2）焊接接头的力学性能试验（内容与母材力学性能试验相似）。

（3）焊接接头的金相和硬度试验。

（4）焊接接头的断裂韧性试验。

（5）焊接接头的裂纹试验。

（6）焊接接头的无损检测。

（7）焊接接头的使用性能试验。

对于任何一种金属材料的焊接性能评定，上述试验不一定全部都做，往往根据需要选做一部分试验项目。上述试验大部分属于通常的金属化学成分、力学性能等试验、分析方法，其具体试验程序可参照有关的国家标准进行。

四、钢焊接性的评价估算

1. 碳当量法

碳当量法是根据钢材化学成分与焊接热影响区淬硬性的关系，把钢中合金元素（包括碳）的含量，按其作用折算成碳的相当含量（以碳的作用系数为1）作为粗略地评定钢材焊接性的一种参考指标。计算碳当量的经验公式很多，常用的是国际焊接学会推荐的公式：

$$C_{eq} = C + \frac{Mn}{6} + \frac{Cr + Mo + V}{5} + \frac{Ni + Cu}{15}(\%)$$

碳当量 C_{eq} 值越大，钢材的淬硬倾向越大，冷裂纹敏感性也越大。经验指出，当 $C_{eq} < 0.4\%$ 时，钢材的焊接性良好，淬硬倾向不明显，焊接时不必预热；当 C_{eq} 为 $0.4\% \sim 0.6\%$ 时，钢材的淬硬倾向逐渐明显，需要采取适当的预热和控制热输入等措施；当 $C_{eq} > 0.6\%$ 时，淬硬倾向明显，属于较难焊接的材料，必须采取较高的预热温度和严格的工艺措施。

但由于计算碳当量时没有考虑残余应力、扩散氢含量、焊缝受到的拘束力等，故只能粗略地估算金属材料的焊接性。

2. 直接试验法

在正确控制焊接工艺参数，按规定要求焊接工艺试板后，检测焊接接头对裂纹、气孔、夹渣等缺陷的敏感性，作为评定材料的焊接性、选择焊接方法和工艺参数的依据。

五、操作要求

管径≤76 mm 不锈钢管或异种钢管对接的水平固定、垂直固定和45°固定手工钨极氩弧焊焊接操作技能要求：

1. 能掌握右手握枪、左手填丝和左手握枪、右手填丝的手工钨极氩弧焊技术。

2. 能采用连续送丝法进行焊接。

3. 能进行多层多道焊。

4. 焊接时，对视线盲点，可采用反光镜进行观察；不过镜子中的影像与实际操作是相反的。

技能要求 1

管径≤76 mm 不锈钢管对接的水平固定手工钨极氩弧焊

奥氏体不锈钢焊接时，为了防止晶间腐蚀、应力腐蚀和热裂纹，减小焊接变形，宜采用小热输入、小电流、短弧快速焊、多层多道焊，焊接电流比焊低碳钢的要小些。采用多层多道焊时层间温度宜控制到 100℃以下。

管径≤76 mm 钢管对接水平固定的手工钨极氩弧焊比较困难，因为它的操作包括了所有空间焊接位置的焊接，如图 3—19 所示。

所以，要求焊工应熟练掌握各种空间位置的单面焊双面成形的手工钨极氩弧焊操作技能。

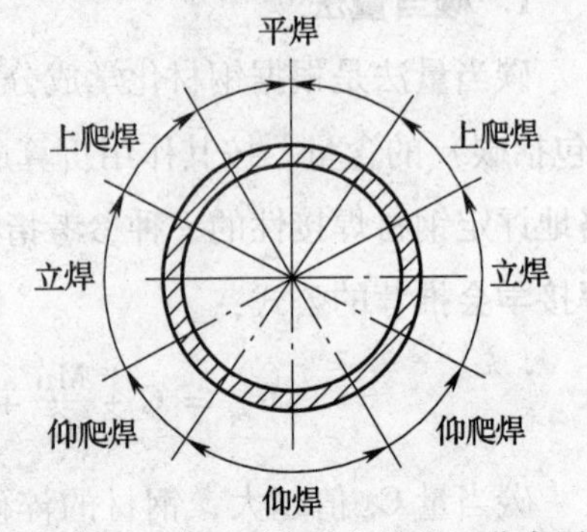

图 3—19　水平固定管焊接位置分布图

一、焊前准备

1. 试件尺寸及要求

（1）试件材料：不锈钢管对接，12Cr18Ni9。

（2）试件及坡口尺寸：ϕ60 mm × 5 mm 钢管，开 V 形坡口，如图 3—20 所示。

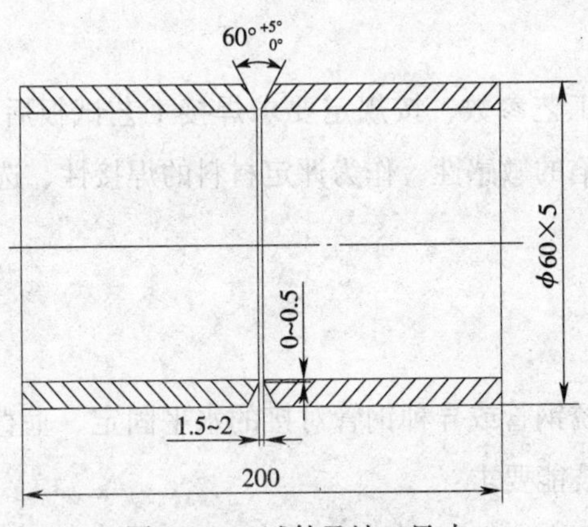

图 3—20　试件及坡口尺寸

（3）焊接位置：水平固定。

（4）焊接要求：手工钨极氩弧焊打底、盖面，单面焊双面成形。

（5）焊接材料：焊丝 H0Cr21Ni10（ER—308），ϕ1.6 mm。电极为钨极 WCe—20，ϕ2.5 mm；为使电弧稳定，将其尖角磨成如图 3—6 所示的形状。氩气纯度 99.99%。

（6）焊接设备：WS—300，直流正接。

2. 准备工作

（1）氩弧焊机使用前，应检查焊机各处的接线是否正确、牢固、可靠；按要求调试好焊接参数。同时应检查氩弧焊水冷却系统有无堵塞、泄漏，如发现故障应及时解决。

（2）清理坡口及其正、反两面两侧 20 mm 范围内和焊丝表面的油污、锈蚀，用砂轮磨光机或砂纸打磨，直至露出金属光泽。

（3）准备好工作服、焊工手套、护脚、面罩、钢丝刷、锉刀、管道直磨机、角向磨光机和焊口检测尺等。

3. 试件装配

（1）锉钝边：0 ~ 0. 5 mm。

（2）装配间隙：装配间隙为 1. 5 ~ 2. 0 mm。

（3）定位焊：采用手工钨极氩弧焊、一点定位，并保证该处间隙为 2 mm。定位焊长度一般约为 10 mm，将定位焊焊点接头端打磨成斜坡。定位焊焊点要注意尽量避开障碍。采用与焊接试件相应型号的焊接材料进行定位焊。将试件固定于水平位置。

（4）错边量：错边量一般小于 0. 5 mm。

二、焊接参数

焊接参数见表 3—9。

表 3—9　　小径管水平固定对接焊焊接参数

焊接电流（A）	电弧电压（V）	氩气流量（L/min）	钨极直径（mm）	焊丝直径（mm）	钨极伸出长度（mm）	喷嘴直径（mm）	喷嘴至工件距离（mm）
75 ~ 115	10 ~ 14	8 ~ 12	2. 5	2. 5	4 ~ 6	8 ~ 10	≤8

三、操作要点及注意事项

焊缝分左右两个半圈进行，焊接前半圈时，起点和终点都要超过管子的垂直中心线 5 ~ 10 mm。在仰焊位置起焊，平焊位置收弧，每个半圈都存在仰、立、平三个不同焊接位置。图 3—21 所示为水平固定管焊接顺序。

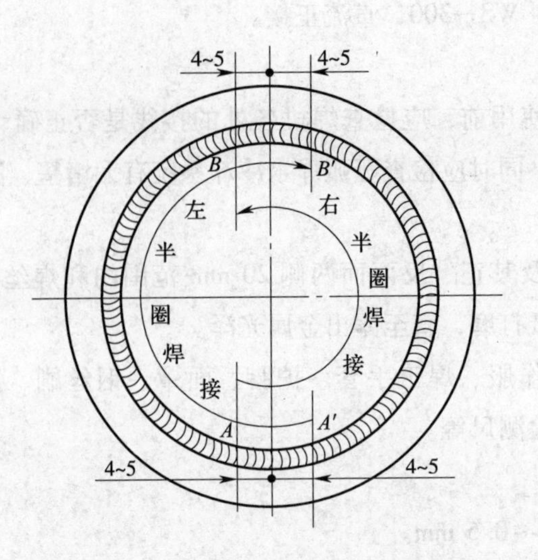

图 3—21　水平固定管焊接顺序

1. 手工钨极氩弧焊打底

(1) 引弧

在管道横截面上相当于“时钟 5 点”位置（焊左半圈）和“时钟 7 点”位置（焊右半圈）引弧，如图 3—22 所示。引弧时，钨极端部应离开坡口面 1 ~ 2 mm。利用高频引弧装置引燃电弧；引弧后先不加焊丝，待根部钝边熔化形成熔池后，再填丝焊接。为使背面成形良好，熔化金属应送至坡口根部。为防止始焊处产生裂纹，始焊速度应稍慢并多填焊丝，以使焊缝加厚。

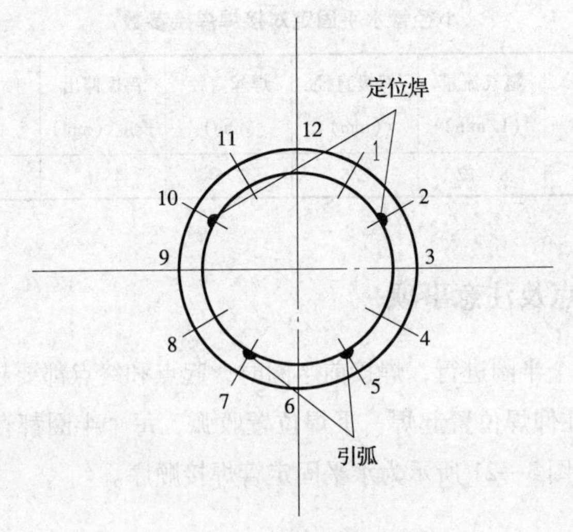

图 3—22　定位焊及引弧点

（2）送丝

在管道根部横截面上，一般在焊接下部位置时常采用内填丝法，即焊丝处于坡口钝边内。在焊接横截面中、上部位置时，则应采用外填丝法（见图 3—23、图 3—24）。若全部采用外填丝法，则坡口间隙应适当减小，一般为 1.5 ~2.5 mm。在整个施焊过程中，应保持等速送丝，焊丝端部始终处于氩气保护区内。

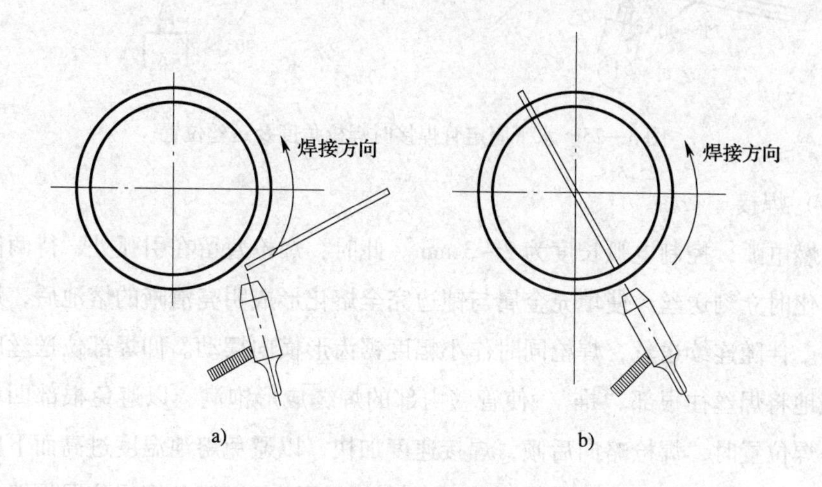

图 3—23　两种不同填丝方法

a）外填丝法　b）内填丝法

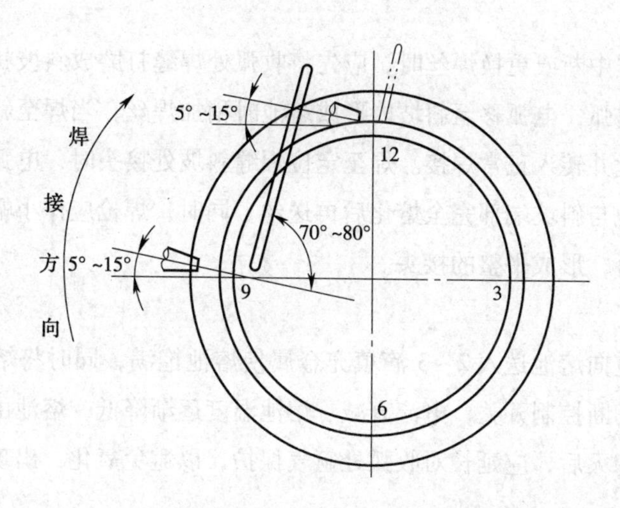

图 3—24　管子水平固定位置内填丝焊向外填丝焊的过渡

（3）焊枪、焊丝与管的相对位置

钨极与管子轴线垂直，焊丝沿管子切线方向，与钨极成 75° ~90°，如图 3—25、图 3—18 所示。

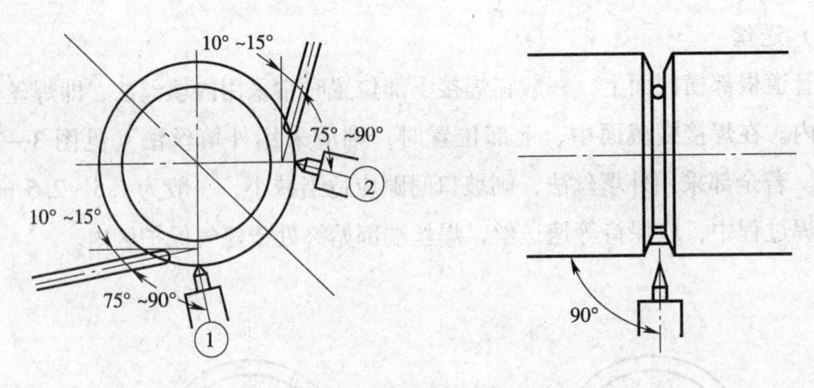

图3—25　水平固定管焊接时焊枪角度及送丝位置

（4）焊接

引燃电弧，控制电弧长度为2~3 mm。此时，焊枪暂留在引弧处，待两侧钝边开始熔化时立刻送丝，使填充金属与钝边完全熔化形成明亮清晰的熔池后，焊枪匀速上移。伴随连续送丝，焊枪同时作小幅度锯齿形横向摆动。仰焊部位送丝时，应有意识地将焊丝往根部“推”，使管壁内部的焊缝成形饱满，以避免根部凹坑。当焊至平焊位置时，焊枪略向后倾，焊接速度加快，以避免熔池温度过高而下坠。若熔池过大，可利用电流衰减功能，适当降低熔池温度，以避免仰焊位置焊缝出现凹坑或其他位置出现凸出。

（5）接头

若施焊过程中断或更换焊丝时，应先将收弧处焊缝打磨成斜坡状，在斜坡后约10 mm处重新引弧，电弧移至斜坡内形成熔池时稍加焊丝，当焊至斜坡端部出现熔孔后，立即送丝并转入正常焊接。焊至定位焊缝斜坡处接头时，电弧稍作停留，暂缓送丝，待熔池与斜坡端部完全熔化后再送丝。同时，焊枪应作小幅度摆动，使接头部位充分熔合，形成平整的接头。

（6）收弧

收弧时，应向熔池送入2~3滴填充金属使熔池饱满，同时将熔池逐步过渡到坡口侧，然后切断控制开关，电流衰减、熔池温度逐渐降低，熔池由大变小，形成椭圆形。电弧熄灭后，应延长对收弧处氩气保护，以避免氧化，出现弧坑裂纹及缩孔。

前半圈焊完后，应将仰焊起弧处焊缝端部修磨成斜坡状。后半圈施焊时，仰焊部位的接头方法与上述接头焊相同，其余部位焊接方法与前半圈相同。当焊至前半圈焊缝的收尾并接头后，应继续往前焊与前半圈焊缝重叠5~10 mm，如图3—21所示。

2. 手工钨极氩弧焊填充、盖面焊

清除打底焊道表面的焊渣，修平焊缝表面和接头局部，按照表 3—9 焊接参数进行焊接。

3. 焊后清理检查

焊接结束后，关闭焊机，用钢丝刷清理焊缝表面。用肉眼或低倍放大镜检查表面是否有气孔、裂纹、咬边等缺陷；用焊口检测尺测量焊缝外观成形尺寸。

技能要求 2

管径≤76 mm 异种钢管对接的垂直固定手工钨极氩弧焊

一、焊前准备

1. 试件尺寸及要求

（1）试件材料：Q345（16Mn）+20，即试件一侧材质为 Q345（16Mn）钢管，试件另一侧材质为 20 钢管。

（2）试件及坡口尺寸如图 3—26 所示。

（3）焊接位置：垂直固定。

（4）焊接要求：单面焊双面成形。

（5）焊接材料：焊丝 ER49—1，直径 ϕ2. 5 mm。电极为铈钨极，为使电弧稳定，将其尖角磨成如图 3—27 所示的形状。氩气纯度 99. 99%。

（6）焊接设备：WS—300，直流正接。

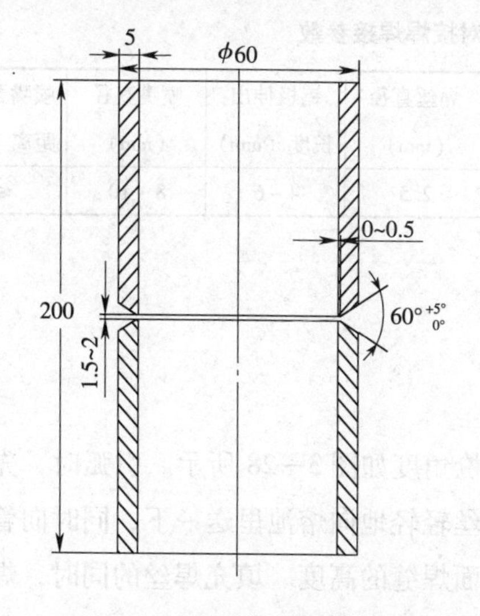

图 3—26　试件及坡口尺寸

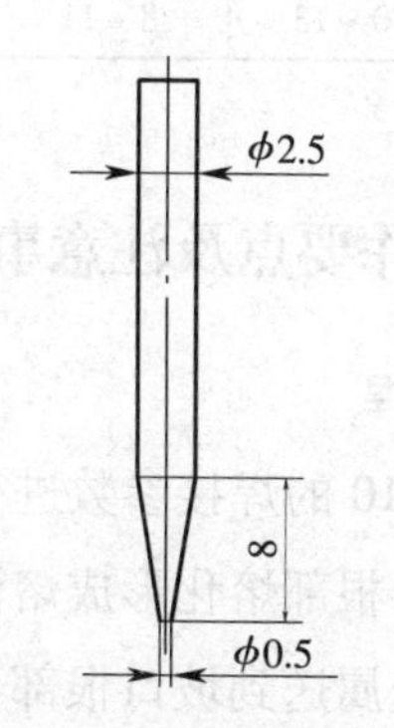

图 3—27　钨极尺寸

2. 准备工作

（1）氩弧焊机使用前，应检查焊机各处的接线是否正确、牢固、可靠，按要求调试好焊接参数。同时应检查氩弧焊系统水冷却有无堵塞、泄漏，如发现故障应及时解决。

（2）清理坡口及其正、反两面两侧20 mm范围内和焊丝表面的油污、锈蚀，用砂轮磨光机或砂纸打磨，直至露出金属光泽。

（3）准备好工作服、焊工手套、护脚、面罩、钢丝刷、锉刀、管道直磨机、角向磨光机和焊缝量尺等。

3. 试件装配

（1）装配间隙

装配间隙为1.5～2.0 mm。

（2）定位焊

采用手工钨极氩弧焊、一点定位，并保证该处间隙为2 mm。定位焊长度一般约为10 mm，将定位焊焊点接头端打磨成斜坡。定位焊焊点要注意尽量避开障碍。采用与焊接试件相应型号的焊接材料进行定位焊。将试件固定于垂直位置。

（3）错边量

错边量一般小于0.5 mm。

二、焊接参数

焊接参数见表3—10。

表3—10　小径管垂直固定对接焊焊接参数

焊接电流（A）	电弧电压（V）	氩气流量（L/min）	钨极直径（mm）	焊丝直径（mm）	钨极伸出长度（mm）	喷嘴直径（mm）	喷嘴至工件距离（mm）
90～110	10～13	8～11	2.5	2.5	4～6	8～10	≤8

三、操作要点及注意事项

1. 打底焊

按表3—10的焊接参数进行焊接，焊枪角度如图3—28所示。引弧时，先不加焊丝，待坡口根部熔化形成熔池后，将焊丝轻轻地向熔池里送一下，同时向管内摆动，将液态金属送到坡口根部，以保证背面焊缝的高度。填充焊丝的同时，焊枪小幅度作横向摆动并向左均匀移动。

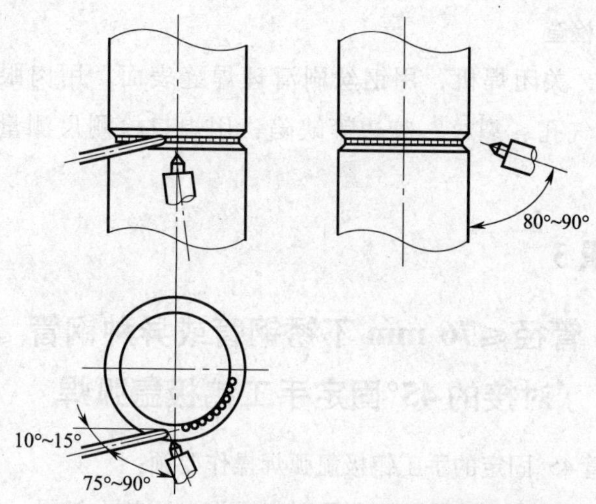

图 3—28　垂直固定管氩弧焊打底焊时的焊枪角度

在焊接过程中填充焊丝以往复运动方式间断地送入电弧内的熔池前方，在熔池前呈滴状加入。焊丝送进速度要均匀，不能时快时慢，在整个施焊过程中，应保持等速送丝，焊丝端部始终处于氩气保护区内。这样才能保证焊缝质量且成形美观。

当焊工要移动位置、暂停焊接时，应按收弧要点操作。焊工再进行焊接时，焊前应将收弧处修磨成斜坡并清理干净，在斜坡上引弧，移至离接头约 10 mm 处焊枪不动，当获得清晰的熔池后，即可添加焊丝、继续从右向左进行焊接。

小径管道垂直固定打底焊，熔池的热量要集中在坡口下部，以防止上部坡口过热，母材熔化过多，产生咬边或焊缝背面下坠。

2. 盖面焊

清除打底焊道表面的焊渣，修平焊缝表面和接头局部，按照表 3—10 焊接参数进行焊接。盖面层如需两道时，焊接顺序及焊枪角度如图 3—29 所示。

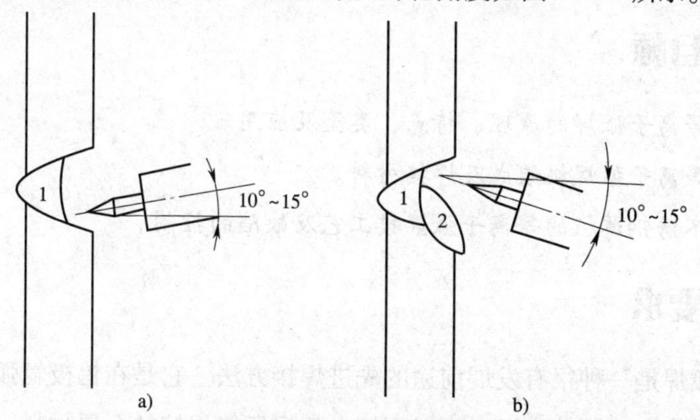

图 3—29　垂直固定管氩弧焊盖面焊时的焊枪角度

a）下侧焊道的焊接　b）上侧焊道的焊接

3. 焊后清理检查

焊接结束后，关闭焊机，用钢丝刷清理焊缝表面。用肉眼或低倍放大镜检查表面是否有气孔、裂纹、咬边等缺陷；用焊口检测尺测量焊缝外观成形尺寸。

技能要求3

管径≤76 mm不锈钢管或异种钢管对接的45°固定手工钨极氩弧焊

小径低碳钢管45°固定的手工钨极氩弧焊操作要领：

45°固定管的手工钨极氩弧焊与水平固定操作方法基本相同，焊接时由于管的倾斜焊缝成形不如水平固定管的成形理想。45°固定管根部起焊位置与水平固定管的焊接要领相同，可以参照水平固定管焊接要领进行。

第3节　不锈钢薄板的等离子弧焊接

学习单元1　不锈钢薄板的等离子弧焊工艺

学习目标

- 了解等离子弧焊的原理、特点、类型及应用。
- 了解等离子弧焊机组成及焊接材料。
- 掌握不锈钢薄板的等离子弧焊接工艺及缺陷的控制。

知识要求

等离子弧焊是一种很有发展前途的先进焊接方法。它是在钨极氩弧焊的基础上形成的，利用等离子弧的高温，可以焊接电弧焊所能焊接的金属材料，甚至能够解决氩弧焊不能解决的极薄金属的焊接问题，广泛应用于食品机械、医疗设备、石化设备、不锈钢管道以及航空航天等行业。

一、等离子弧产生的原理、特点及类型

1. 等离子弧产生的原理

常见电弧焊的焊接电弧是自由电弧，没有约束，弧柱的直径随电弧电流及电压的变化而变化，能量不够集中，温度限制在 5 730 ~ 7 730℃。如果对自由电弧的弧柱进行强迫压缩，就能将电弧截面压缩得比较小，弧柱中的气体将充分电离，从而使电弧的温度、能量密度和等离子体流速均显著增大，这种利用外部约束使弧柱受到压缩的电弧就是通常所说的等离子弧。

目前广泛采用的压缩电弧的方法是将钨极缩入喷嘴内部，并且在水冷喷嘴中通入一定压力和流量的冷却水流，强迫电弧通过喷嘴孔道，如图 3—30 所示。此时电弧受到的压缩作用称为“压缩效应”。

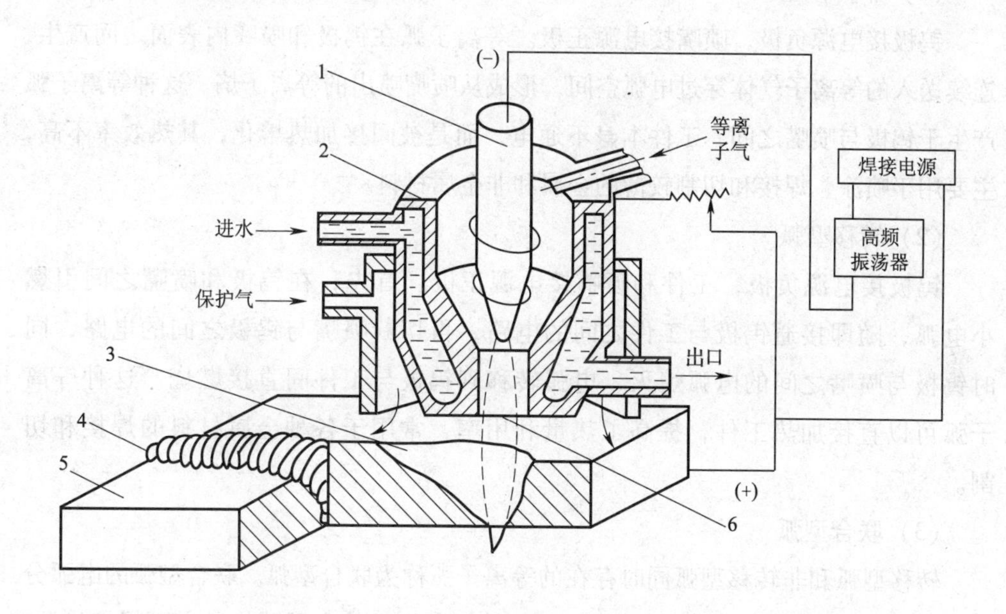

图 3—30　等离子弧焊焊接过程示意图

1—钨极　2—喷嘴　3—小孔　4—焊缝　5—焊件　6—等离子弧

2. 等离子弧的特点

由于压缩效应的作用，等离子弧弧柱被压缩到很细的程度，弧柱内的气体也得到了高度电离，因此等离子弧与自由电弧相比具有下列特点：

（1）温度高、能量密度大

等离子弧的导电性好，承受电流密度大，因此温度高达 16 000 ~ 33 000℃；又

因其截面很小，所以能量密度高度集中。

（2）电弧挺度好

自由电弧的扩散角约为45°，而等离子弧由于电离程度高，放电过程稳定，在“压缩效应”作用下，等离子弧的扩散角仅为5°。

（3）具有很强的机械冲刷力

等离子弧发生装置中通入的常温压缩气体受到电弧高温加热而膨胀，在喷嘴的拘束作用下，使气体压缩力大大增加。当高压气流由喷嘴细小通道喷出时，可达到很高的速度，因而机械冲刷力很强。

3. 等离子弧的类型

根据电源的不同接法，等离子弧可以分为非转移型弧、转移型弧和联合型弧三种。

（1）非转移型弧

钨极接电源负极，喷嘴接电源正极。等离子弧在钨极和喷嘴内表面之间产生，连续送入的等离子气体穿过电弧空间，形成从喷嘴喷出的等离子焰。这种等离子弧产生于钨极与喷嘴之间，工件本身不通电，而是被间接加热熔化，其热效率不高，主要用于喷涂、焊接和切割较薄的金属和非金属材料。

（2）转移型弧

钨极接电源负极，工件和喷嘴接电源正极。首先，在钨极和喷嘴之间引燃小电弧，随即接通钨极与工件之间的电路，再切断喷嘴与钨极之间的电路，同时钨极与喷嘴之间的电弧熄灭，电弧转移到钨极与工件间直接燃烧。这种等离子弧可以直接加热工件，提高了热量利用率，常用于各种金属材料的焊接和切割。

（3）联合型弧

转移型弧和非转移型弧同时存在的等离子弧称为联合型弧。联合型弧的电弧分别由两个电源供电。主电源加在钨极和工件间产生的等离子弧，是主要焊接热源。另一个电源加在钨极和喷嘴间产生的小电弧，称为维持电弧。维持电弧在整个焊接过程中连续燃烧，其作用是维持气体电离，即在某种因素的影响下，等离子弧中断时，依靠维持电弧可立即使等离子弧复燃。联合弧主要用于微束等离子弧焊接和粉末材料的喷焊。

4. 等离子弧焊的分类及特点

等离子弧焊接有三种基本方法：小孔型等离子弧焊、熔透型等离子弧焊和微束型等离子弧焊。

（1）小孔型等离子弧焊

小孔型焊又称穿透焊，利用等离子弧能量密度大、电弧挺度好的特点，将焊件的焊接处完全熔透，并产生一个贯穿焊件的小孔。在表面张力作用下，熔化的金属不会从小孔中滴落下去，产生小孔效应。随着焊枪的前移，小孔在电弧后锁闭，形成完全熔透的焊缝。

小孔型等离子弧焊采用的焊接电流范围为100～300 A，适于焊接2～8 mm厚度的合金板材，可以不开坡口和背面不加衬垫进行单面焊双面成形。

（2）熔透型等离子弧焊

当等离子气流量较小、弧柱压缩程度较弱时，等离子弧在焊接过程中只熔透焊件，但不产生小孔效应，这种焊接方法称为熔透型等离子弧焊，主要用于薄板的单面焊双面成形及厚板的多层焊。

（3）微束等离子弧焊

采用30 A以下的焊接电流进行熔透型的焊接称为微束等离子弧焊。当焊接电流小于10 A时，电弧不稳定，往往采用联合型弧的形式，即使焊接电流小到0.05～10 A时，电弧仍然很稳定。一般用于焊接细丝和极薄的箔片。

等离子弧焊的特点：

1）焊接速度明显提高，可达到手工TIG焊速度的4～5倍。

2）焊缝性能优良，可以得到与母材成分和性能相同的焊缝。

3）在可焊厚度范围内，更容易获得整齐美观的全焊透焊缝，可满足100%射线探伤要求。

4）电弧热量集中，热影响区小，焊接残余应力和变形小。

5）焊接过程中电弧挺度大，稳定性好，操作容易。

二、等离子弧焊机、电极及工作气体

1. 等离子弧焊机

等离子弧焊机分为自动焊等离子弧焊机和手工等离子弧焊机，这里主要介绍手工等离子弧焊机。手工等离子弧焊机是由焊接电源、焊枪、气路和水路系统、控制系统等部分组成，其外部线路连接，如图3—31所示。

（1）焊接电源

具有下降或陡降外特性的电源均可供等离子弧焊使用。在等离子弧焊的焊接回路中加入了高频振荡器引燃装置，便于可靠引弧。常用的LH－30型小电流等离子

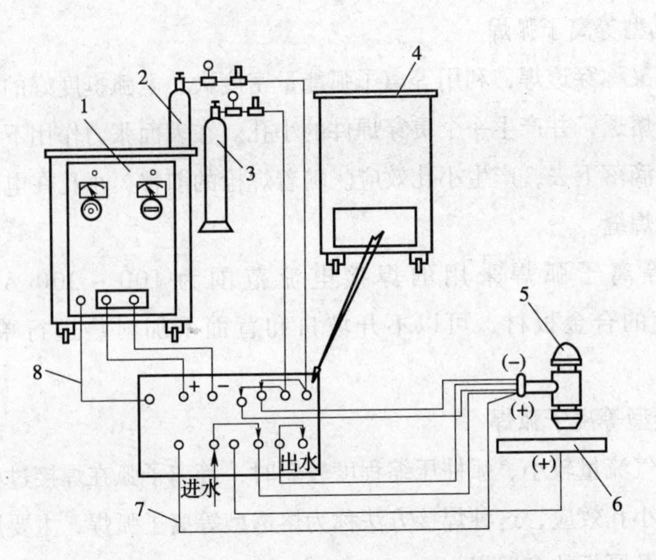

图3—31　等离子弧焊外部线路连接示意图

1—电源　2—离子气瓶　3—保护气瓶　4—控制箱　5—焊枪　6—焊件　7—控制线　8—电缆

弧焊机，焊接电源的空载电压为135 V、额定焊接电流30 A、维弧电流2 A，可焊接焊件厚度0.1 ~1 mm。

（2）焊枪

等离子弧焊枪比钨极氩弧焊枪复杂。图3—32所示为手工等离子焊枪，焊枪中有离子气和保护气各自的通道与相应的气管接口、有传导电流的钨极与相应的夹持装置，有水冷压缩喷嘴与冷却水进、出水接口及保护气罩等。

喷嘴是等离子弧形成的关键部件，它的作用是导电、产生非转移弧和对电弧进行压缩，其形状和几何尺寸对等离子弧的压缩程度和稳定性具有决定性的影响。

（3）气路和水路系统

手工等离子弧焊气路系统比氩弧焊多一条输送离子气流的气路。水路系统与钨极氩弧焊相似。冷却水由焊枪下部通入，再由焊枪上部流出，以保证对喷嘴和钨极的冷却作用。一般进水压力不小于0.2 MPa。

（4）控制系统

控制系统包括高频引弧电路、延时电路和程序控制电路等部分。程序控制电路包括提前送保护气、高频引弧和转移弧、离子气递增、电流衰减和延时停气等控制环节。

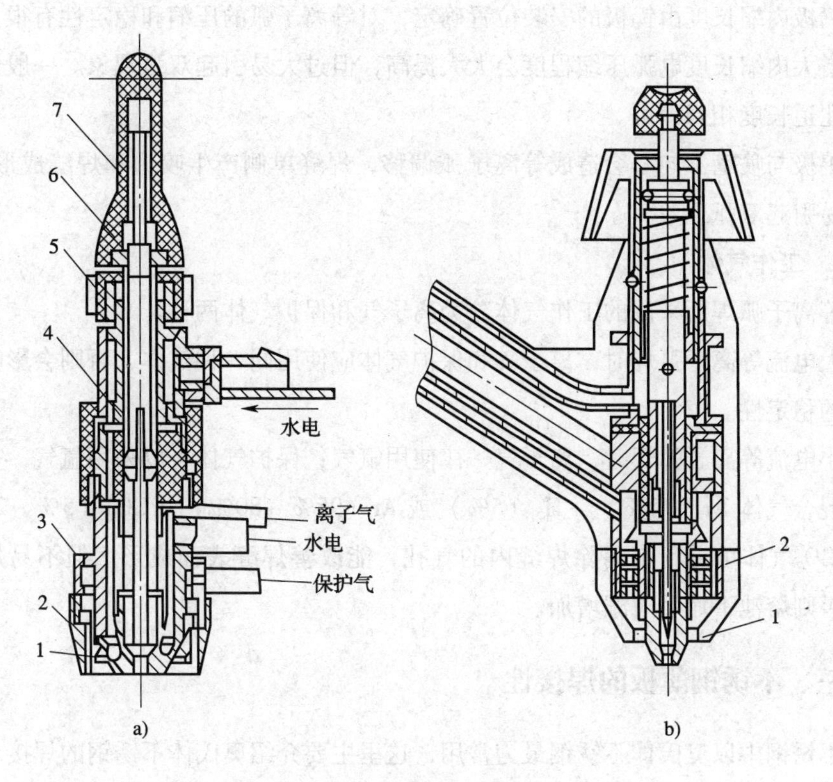

图 3—32　等离子弧焊枪

a）大电流等离子弧焊枪　b）微束等离子弧焊枪

1—喷嘴　2—保护外套　3—下枪体　4—上枪体　5—电极夹头　6—螺母　7—钨极

2. 电极材料

一般采用铈钨极作为电极。焊接不锈钢、合金钢、钛合金、镍合金等采用直流正接；焊接铝合金、镁合金时，采用直流反接，并使用水冷式镶嵌电极。

为了便于引弧和提高等离子弧的稳定性，一般将电极端部磨成 60° 的尖角。电流小、钨极直径较小时锥角可磨得更小一些；电流大、钨极直径大时可磨成圆台形、圆台尖锥形、球形等，以减小烧损。钨极的端部形状如图 3—33 所示。

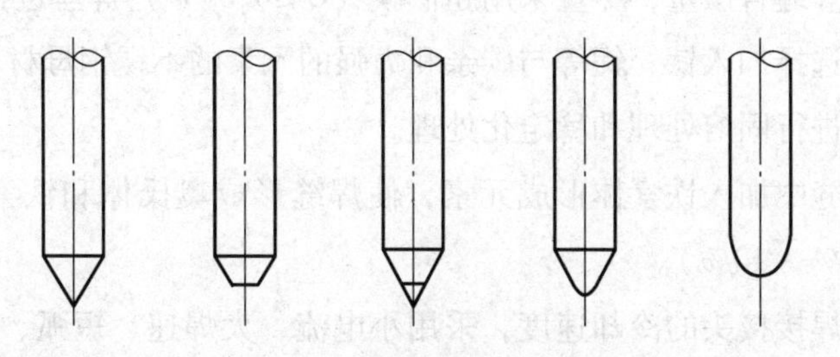

图 3—33　钨极的端部形状

钨极内缩长度由钨极的安装位置确定，对等离子弧的压缩和稳定性有很大的影响，增大内缩长度电弧压缩程度会大大提高，但过大易引起双弧现象。一般选取与喷嘴孔道长度相当即可。

钨极与喷嘴不同心会造成等离子弧偏移，焊缝单侧产生咬边和焊缝成形不良，也容易引起双弧现象。

3．工作气体

等离子弧焊所采用的工作气体分为离子气和保护气体两种。

大电流等离子弧焊时，离子气和保护气体应使用同一种气体，否则会影响等离子弧的稳定性。

小电流等离子弧焊时，离子气一律使用氩气；保护气体可以采用氩气，也可以采用混合气体Ar（95%）+H_2（5%）或Ar（95%~80%）+CO_2（5%~20%），加入CO_2气体可有利于消除焊缝内的气孔，能改善焊缝表面成形。但不易加入过多，否则熔池下塌，飞溅增加。

三、不锈钢薄板的焊接性

不锈钢中以奥氏体不锈钢最为常用，这里主要介绍奥氏体不锈钢的焊接。奥氏体不锈钢具有较高的塑性、韧性和良好的焊接性能，焊接时一般不需要采取特殊工艺措施。如果焊接材料选择不当或焊接工艺不合理，会造成焊接接头产生如下问题：

1．晶间腐蚀

奥氏体不锈钢在选择焊接材料不当和焊接工艺不合理时，会在焊缝和焊接热影响区产生晶间腐蚀。晶间腐蚀是奥氏体不锈钢危害最大的缺陷。从表面上虽看不到明显的痕迹，但耐腐蚀性能会大大下降，强度甚至完全丧失，在应力作用下将沿晶界断裂。

预防措施：

（1）控制焊缝含碳量，尽量采用超低碳（C≤0.03%）焊丝进行焊接。

（2）尽量选择加入钛、铌等与碳亲和力强的元素的不锈钢母材和焊丝。

（3）焊后进行固溶处理和稳定化处理。

（4）在焊缝中加入铁素体形成元素，使焊缝形成奥氏体和铁素体的双相组织（铁素体含量5%~10%）。

（5）增加焊接接头的冷却速度，采用小电流、大焊速、短弧、多道焊等措施，缩短接头敏化温度区停留时间。

2. 焊接热裂纹

奥氏体不锈钢焊接时比较容易产生热裂纹，特别是含镍量较高的奥氏体不锈钢更容易产生。其主要原因，一是奥氏体不锈钢液、固相线的区间较大，结晶时间较长，且奥氏体结晶方向性强，使低熔点共晶杂质偏析且集中于晶界。二是奥氏体不锈钢的线膨胀系数大，焊接时会产生较大的焊接内应力。

预防热裂纹的措施：

（1）严格控制焊缝硫、磷等杂质含量。

（2）通过合理选用焊接材料和控制熔合比，使焊缝形成奥氏体和铁素体的双相组织。

（3）在焊接工艺上采用小电流、快速焊等措施，收尾时要填满弧坑。

四、不锈钢薄板的焊接工艺

1. 焊前准备

（1）下料方法的选择

不锈钢薄板一般采用剪板机剪切或采用等离子切割机切割下料。

（2）坡口制备

一般焊件厚度 8 mm 以下不需要加工坡口，8 mm 以上可考虑加工 V 形或 U 形坡口。因为奥氏体不锈钢线膨胀系数大，会加剧焊接接头的变形，所以可适当减小坡口的角度。

（3）焊前清理

将焊件坡口及两侧 20 ~ 30 mm 范围内用丙酮擦净，并涂白垩粉，以防止奥氏体不锈钢板表面被飞溅金属损伤。

（4）表面保护

在搬运、坡口制备、装配及定位焊过程中，应注意避免损伤钢板表面，并防止变形，以免使产品的耐蚀性降低。焊接时不得随意到处引弧。

2. 焊接材料的选用

奥氏体不锈钢焊接材料的选择原则，应使焊缝的合金成分与母材的成分基本相同，并尽量减低焊缝金属中碳、硫、磷的含量。

3. 焊接参数

等离子弧焊的焊接参数主要包括焊接电流、焊接速度、等离子气流量以及喷嘴离工件的距离和保护气流量等。

（1）焊接电流

焊接电流是根据板厚或熔透要求来选定的。焊接电流过小，难以形成小孔效应；焊接电流增大，等离子弧穿透能力增大，但电流过大会造成熔池金属因小孔直径过大而坠落，难以形成合格焊缝，甚至引起双弧，损伤喷嘴并破坏焊接过程的稳定性。因此，在喷嘴结构确定后，为了获得稳定的小孔焊接过程，焊接电流只能在某一个合适的范围内选择，而且这个范围与离子气的流量有关。

（2）焊接速度

焊接速度应根据等离子气流量及焊接电流来选择。其他条件一定时，如果焊接速度增大，焊接热输入减小，小孔直径随之减小，直至消失，失去小孔效应，易产生未焊透、气孔等缺陷。如果焊接速度太低，母材过热，小孔扩大，熔池金属容易坠落，甚至造成焊缝凹陷、烧穿等现象。因此，焊接速度、离子气流量及焊接电流这三个工艺参数应相互匹配。

（3）喷嘴离工件的距离

喷嘴离工件的距离过大，熔透能力降低；距离过小，易造成喷嘴被飞溅物堵塞，破坏喷嘴正常工作。喷嘴离工件的距离一般取3～8 mm。与钨极氩弧焊相比，喷嘴距离变化对焊接质量的影响不太显著。

（4）等离子气及保护气体流量

等离子气及保护气体通常根据被焊金属的种类及电流大小来选择。大电流等离子弧焊接时，等离子气及保护气体通常采取相同的气体，否则电弧的稳定性将变差。小电流等离子弧焊接通常采用纯氩气作等离子气，可保证电弧引燃容易。

离子气流量决定了等离子流力和熔透能力。等离子气的流量越大，熔透能力越大。但等离子气流量过大会使小孔直径过大而不能保证焊缝成形。因此，应根据喷嘴直径、等离子气的种类、焊接电流及焊接速度选择适当的离子气流量。利用熔透法焊接时，应适当降低等离子气流量，以减小等离子流力。

保护气体流量应根据焊接电流及等离子气流量来选择。在一定的等离子气流量下，保护气体流量太大，会导致气流的紊乱，影响电弧稳定，而保护气体流量太小，保护效果也不好，因此，保护气体流量应与等离子气流量保持适当的比例。

穿透型等离子弧焊接保护气体流量一般在15～30 L/min范围内，而熔透型等离子弧焊接则采用较小的等离子气流量、较小的保护气体流量，电弧的等离子流力减小，电弧的穿透能力降低，只能熔化母材，不能形成小孔，焊缝成形过程与TIG焊相似，适用于薄板、多层焊的盖面焊及角焊缝的焊接。

值得注意的是，焊接电流、离子气和焊接速度三个参数必须匹配，其匹配原则是：在焊接电流一定时，若增加离子气流量，则应相应地增加焊接速度；在离子气流量一定时，若要增加焊接速度，则应相应增加焊接电流；在焊接速度一定时，若增加离子气流量，须相应减小焊接电流。表 3—11 为熔透型等离子弧焊焊接参数，表 3—12 为穿透型等离子弧焊焊接参数。

表 3—11　　熔透型等离子弧焊焊接参数

材料类型	板厚 (mm)	焊接电流 (A)	电弧电压 (V)	焊接速度 (cm/min)	离子气流量 (L/min)	保护气流量 (L/min)	喷嘴直径 (mm)	接头及坡口形式
不锈钢	0.025	0.3~0.4	20~24	10~12	0.2~0.4	6~9	0.75	卷边
	0.2	4.0~4.5	22~27	26~30	0.4~0.5	4~6	0.8	I形对接
	0.2	4~6	25~32	28~32	0.5~0.6	6~9	0.6	卷边
	1.0	2.5~3.0	23~27	26~28	0.5~0.7	5~8	1.2	I形对接
	3.2	90~110	22~27	27~29	0.6~0.8	8~12	2.2	I形对接
钛	0.075	4~6	20~24	14~16	0.2~0.3	9~14	0.75	I形对接

表 3—12　　穿透型等离子弧焊焊接参数

材料类型	板厚 (mm)	焊接电流 (A)	电弧电压 (V)	焊接速度 (cm/min)	离子气流量 (L/min)	保护气流量 (L/min)	喷嘴直径 (mm)	接头及坡口形式
不锈钢	1.2	95~98	25~26	96~98	3.8~4.0	18~20	2.8	I形对接
	2.4	155~165	30~32	96~98	4.0~0.5	18~20	3.2	I形对接
	3.2	185~195	27~30	84~86	4.2~4.6	22~25	2.8	I形对接
	4.8	160~170	35~37	41~44	6.0~6.5	22~25	3.5	I形对接
	5.6	90~110	27~29	50~54	6.6~6.8	19~21	3.5	I形对接
	6.4	235~245	37~39	35~37	8.4~8.6	22~25	3.5	I形对接

4. 接头形式和装配要求

工件厚度大于 1.6 mm 而小于表 3—13 列举的厚度时，采用 I 形坡口，用穿透法单面焊双面成形一次焊透。工件厚度小于 1.6 mm 时，采用微束等离子弧焊时，接头形式可采用对接、卷边对接、卷边角接、端接接头，采用 I 形坡口，不留间隙，用熔透法单面焊双面成形一次焊透。

表 3—13　　等离子弧焊一次焊透的焊件厚度

材料	不锈钢	钛及其合金	镍及其合金	低碳钢
厚度范围（mm）	≤8	≤12	≤6	≤8

5. 引弧及收弧

板厚小于3 mm时，可直接在工件上引弧和收弧。利用穿透法焊接厚板时，引弧及熄弧处容易产生气孔、下凹等缺陷。对于直缝，可采用引弧板及熄弧板来解决这个问题。先在引弧板上形成小孔，然后再过渡到工件上去，最后将小孔闭合在熄弧板上。大厚度的环缝，不便加引弧板和收弧板时，应采取焊接电流和离子气递增和递减的办法在工件上起弧，完成引弧建立小孔并利用电流和离子气流量衰减法来收弧闭合小孔。

五、不锈钢薄板等离子弧焊焊接残余应力产生的原因及控制措施

因为奥氏体不锈钢的热导率低于碳钢，约为碳钢的三分之一；热膨胀系数比碳钢约大50%，加之薄不锈钢板在焊接过程中容易过热，热影响区宽，所以奥氏体不锈钢薄板焊接残余应力和焊接残余变形比焊接碳钢时大得多。控制焊接残余应力的工艺措施有：

1. 选择合理的焊接顺序

尽可能使焊缝自由收缩以减小焊接结构在施焊时的约束，最大限度地减小焊接应力。

2. 选择合理的焊接参数

焊接时尽可能采用小的热输入，即采用小电流、快速焊，减小焊件受热范围，从而减小焊接应力。

3. 加快冷却速度

因为奥氏体不锈钢不会产生淬硬现象，所以在焊接过程中可以设法增加焊接接头的冷却速度。如焊件下使用铜垫板或直接采用水冷。

六、不锈钢薄板等离子弧焊时容易出现的问题及控制措施

1. 咬边

焊接参数选择不当，如电流太大、焊接速度过快、离子气流量过大，或电极与喷嘴不同轴、装配不当及电弧偏吹，容易产生咬边缺陷。预防措施：选择较小的焊接电流和离子气流量；控制装配质量；防止等离子弧偏吹。

2. 气孔

焊前清理不彻底、焊接电流过大、焊速过快、电弧电压太高、填丝太快，以及使用穿透法焊接时，离子气体未能从背面小孔中排出，很容易产生气孔缺陷。预防措施：选择较小的焊接电流、适当的焊接速度；采用短弧焊接；填丝速度要慢；采

取保护措施。

3. 波浪变形

焊接电流过大、电弧电压过高、焊接速度太慢时，容易产生波浪变形。预防措施：采用较小的焊接电流，较快的焊接速度和短弧焊接；采取强迫冷却措施。

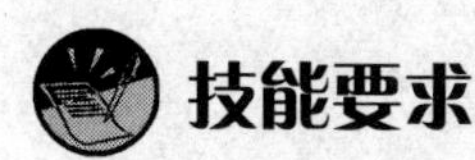

技能要求

不锈钢薄板等离子弧焊接的操作

一、操作准备

1. 试件材质及尺寸

试件材质：12Cr18Ni9。

试件尺寸：200 mm × 100 mm × 1 mm，两件。

2. 焊接设备及焊接材料

（1）LH－30 型等离子弧焊机。

（2）氩气瓶及 QD－1 型单级式减压器和 LZB 型转子流量计各两套，分别用于离子气瓶和保护气瓶的输出装置。

（3）铈钨极，直径 1 mm。

（4）不锈钢焊丝 H06Cr19Ni10，ϕ1 mm。

3. 焊接参数（见表 3—14）

表 3—14　　焊接参数

焊接电流 (A)	电弧电压 (V)	焊接速度 (cm/min)	离子气体流量 (L/min)	保护气体流量 (L/min)	喷嘴直径 (mm)
2.6 ~ 2.8	22 ~ 24	25 ~ 28	0.5 ~ 0.7	5 ~ 8	1.2

二、操作步骤

1. 试件打磨、清理及装配

（1）修磨坡口，使接口平整光洁。

（2）清理坡口及其正反两面两侧各 20 mm 范围内的油污、锈蚀、水及其他杂质，直至露出金属光泽，用丙酮擦洗该区域，并涂抹白垩粉。

（3）采用I形坡口，装配时不留间隙，不允许错边，如图3—34所示。

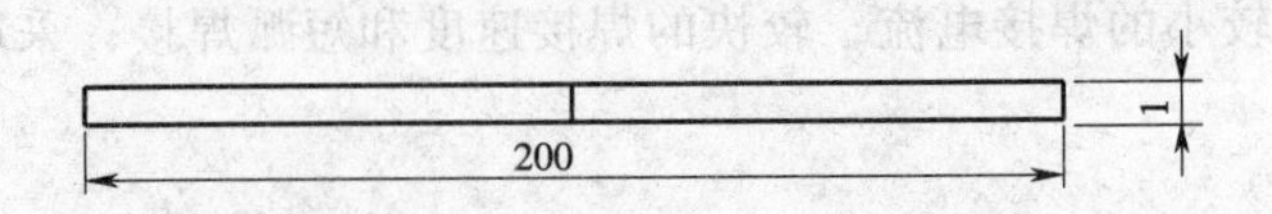

图3—34　不锈钢薄板装配示意图

2. 等离子弧焊机的调试

（1）检查焊机

检查焊机的外部接线是否正确，气路、水路有无泄漏之处及电路系统的接头处是否牢固可靠。

（2）焊枪调试

将端部磨成20°～40°锥角的钨极装入焊枪喷嘴，调整钨极与喷嘴的同心度。

3. 引弧

打开气路和电路开关，接通电源，手工操作等离子弧焊枪，与焊件成75°～85°夹角，按动启动按钮，接通高频振荡器以及电极与喷嘴的电源回路，非转移弧引燃；焊枪对准焊件，建立转移弧，保持喷嘴与焊件的距离3～5 mm，即可进行等离子弧焊接。

4. 焊接

采用左向焊法，焊枪与焊件成70°～85°夹角，焊丝与焊件的夹角为10°～15°，焊枪对准焊件坡口并保持均匀直线移动。焊接过程中注意观察焊件的熔透情况，同时还要观察熔池的大小，当发现熔池增大时，则熔池温度过高，应迅速减小焊枪与焊件间的夹角，并加快焊接速度；当发现熔池过小、焊缝窄而高时，应稍微拉长电弧，增大焊枪与焊件的夹角，减慢焊丝的填充速度直至正常为止。

5. 收弧

断开按钮，电流随之衰减，熄灭电弧，等离子气和保护气体也随之衰减、停气。

6. 焊后清理

焊后清理焊件表面的飞溅和焊缝两侧白垩粉及其他杂质。

三、注意事项

1. 防止产生双弧现象的措施

正常情况下，等离子弧应在钨极和焊件之间稳定地燃烧，但由于某些因素的影响往往会形成另一个燃烧于钨极—喷嘴—焊件之间的串联电弧，从外部观察到两个并列的电弧同时存在，如图 3—35 所示，这就是双弧现象。如果出现双弧，其主电弧电流降低，正常的焊接或切割过程就会遭到破坏，严重时导致喷嘴的烧毁。

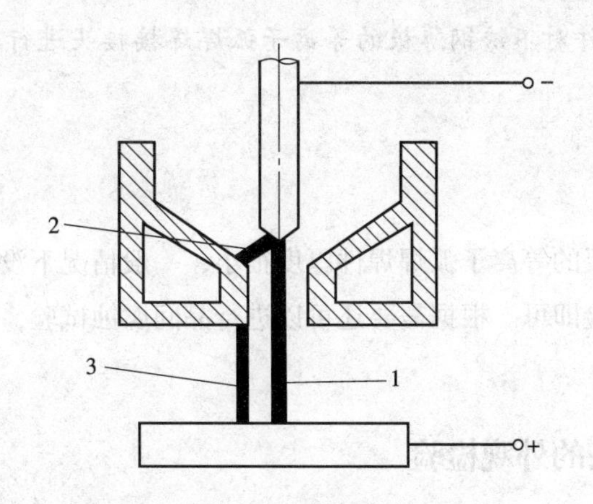

图 3—35　双弧现象
1—主电弧　2—串列电弧上半段　3—串列电弧下半段

防止产生双弧的措施如下：

（1）正确选择焊接电流和离子气流量。

（2）喷嘴孔径不要太长，喷嘴到焊件距离不宜太近。

（3）电极与喷嘴尽可能同心，电极内缩量适宜，不要太大。

（4）加强对喷嘴和电极的冷却。

（5）减小转移弧的冲击电流。

2. 等离子弧焊安全措施

（1）等离子弧焊接时，空载电压较高，为防止触电，焊机外壳一定要接地，焊枪手把绝缘可靠。

（2）等离子弧光及紫外线辐射比较强烈，焊工应注意眼睛和皮肤的保护。

（3）等离子弧焊接时会产生大量的金属蒸气、臭氧、氮化物及烟尘等，工作场地应设置通风设备，做好通风除尘工作。

（4）高频振荡器的高频辐射对人体产生一定的危害，引弧频率以 20 ~ 60 kHz 较为合适。同时焊件应可靠接地，转移弧引燃后，应迅速切断高频振荡器电源。

学习单元2 焊后检验

学习目标

➤ 根据工艺文件对不锈钢薄板的等离子弧焊焊接接头进行外观质量检验及晶间腐蚀试验。

知识要求

由于不锈钢薄板的等离子弧焊焊件厚度很小，一般情况下没有必要进行无损检验，只进行外观检验即可。根据需要还可以进行晶间腐蚀试验，以评定接头抗腐蚀能力。

一、焊接接头的外观检验

焊接接头的外观检验以肉眼观察为主，借助于焊缝万能量规，必要时也可以利用5～10倍的放大镜来检查。外观检验的目的主要是为了发现焊接接头表面的缺陷，如焊缝表面的气孔、咬边、焊瘤、烧穿及焊接接头表面裂纹、焊缝尺寸偏差及焊件的变形等。检验前，须将焊缝附近20 mm范围内的飞溅和污物清除干净。

焊缝外观检验项目及要求：

（1）焊缝外观尺寸：焊缝正面余高 $0 \leqslant h \leqslant 0.5$ mm；焊缝宽度差 $0 \leqslant c \leqslant 1$ mm。

（2）咬边深度≤0.2 mm，焊缝两侧咬边累计总长度≤20 mm。

（3）背面凹坑深度≤0.2 mm，累计总长度≤20 mm。

（4）焊后角变形 $\theta \leqslant 2°$，错边量≤0.1 mm。

（5）不允许出现未焊透、气孔及焊瘤等缺陷。

二、焊接接头晶间腐蚀试验

根据GB/T 4334—2008规定，大多数焊接的不锈钢受压件要求对焊接接头进行晶间腐蚀试验，试验的目的是在给定的条件下（介质、浓度、温度、腐蚀方法及应力状态等），测量金属的抗腐蚀能力，估计使用寿命，分析腐蚀原因，找出防止腐蚀或延缓腐蚀的方法。不锈钢晶间腐蚀试验分为A、B、C、D、E五种方法。A

法为 10% 草酸浸蚀试验；B 法为硫酸 - 硫酸铁腐蚀试验；C 法为 65% 硝酸腐蚀试验；D 法为硝酸 - 氢氟酸腐蚀试验；E 法为硫酸 - 硫酸铜腐蚀试验。实际工作中奥氏体不锈钢晶间腐蚀试验广泛采用 E 法。

三、奥氏体不锈钢晶间腐蚀试验方法（E 法）和试验结果评定方法

1. 试验方法（E 法）

将 100 g 硫酸铜（分析纯）溶解于 700 mL 蒸馏水或去离子水中，加入 100 mL 硫酸（优质纯），用蒸馏水或去离子水稀释至 1 000 mL，配制成硫酸 - 硫酸铜溶液。然后在试验前加入铜屑（纯度不小于 99.5%）。

烧瓶底部铺一层铜屑，再放置试样，试样间不得接触，保证每个试样与铜屑接触的情况下，同一烧瓶中允许放几层同一钢种的试样。溶液应高出最上层试样 20 mm 以上，每次试验都应使用新的试验溶液。试样连续煮沸 16 h。

2. 试验结果评定

焊接接头沿熔合线进行弯曲，试样弯曲角度为 180°。试样弯曲用的压头直径：当试样厚度≤1 mm 时，压头直径等于试样的厚度；当试样厚度大于 1 mm 时，压头直径为 5 mm。

弯曲后的试样在 10 倍放大镜下观察弯曲表面，评定有无晶间腐蚀而产生的裂纹、晶间腐蚀倾向。试样不能进行弯曲评定或裂纹难以判断时，则采用金相法观察。

第4章 气焊

第1节 铸铁的气焊

学习单元1 铸铁的气焊

学习目标

➢ 掌握铸铁气焊相关知识。

➢ 掌握铸铁气焊的操作技术。

知识要求

一、铸铁简介

铸铁是ω（C）>2.11%的铁碳合金。工业用铸铁实际上是以铁、碳、硅为主的多元合金。

工业中应用最早的铸铁是碳以片状石墨存在于金属基体中的灰铸铁。由于其成本低廉，并具有铸造性、切削加工性、耐磨性及减震性均优良的特点，迄今仍是工业中应用最广泛的一种铸铁。

据统计，铸铁焊接工作中，用于铸造厂中新铸铁件缺陷的焊接修复约占55%，使用过程中旧铸铁件出现缺陷的焊接修复约占40%，其余5%用于制造中的铸铁焊接。1993年的统计表明，制造中铸铁焊接已由5%上升到20%，修复新铸铁件缺陷的焊补已由55%下降到40%，这说明铸造工艺水平近期有很大改进，铸铁件出现的铸造缺陷减少了。其余40%仍为旧铸铁件出现缺陷的焊接修复。制造中铸铁焊接仍作为我国下一步发展铸铁焊接技术的方向，它具有巨大的经济效益。

目前铸铁焊接主要应用于下列两种场合：

（1）铸造缺陷的焊接修复

2012年我国铸铁的年产量约为3 000万吨，有各种铸造缺陷的铸件约占铸铁年产量的10%～15%，即通常所说的废品率为10%～15%，若不用焊接方法修复，每年有300万～450万吨铸铁件要报废。采用焊接方法修复这些有缺陷的铸铁件，由于焊修成本低，不仅可获得巨大的经济效益，而且有利于工厂及时完成生产任务。

（2）已损坏的铸铁成品件的焊接修复

由于各种原因，铸铁成品件在使用过程中会受到损坏，出现裂纹等缺陷，使其报废。若要更换新的，因铸铁成品件都经过各种机械加工，价格往往较贵。特别是一些重型铸铁成品件，如锻造设备的铸铁机座一旦使用不当而出现裂纹，某些锻件即停止生产，以致全厂无法生产出产品。若要更换新的锻造设备，不仅价格昂贵，且从订货、运货到安装调试往往需要很长时间，工厂要很长时间处于停产状态，这方面的损失往往是巨大的。在以上情况下，若能用焊接方法及时修复出现的裂纹，其经济效益是很巨大的。

二、铸铁气焊的特点

1．铸铁气焊设备简单，操作方便，火焰温度低（氧—乙炔火焰温度3 100～3 400℃），而且氧—乙炔火焰热量不集中，其加热速度缓慢，加热范围较宽，焊缝的冷却速度缓慢，有利于石墨化过程的进行，焊缝易得到灰铸铁组织，且焊接热影响区也不易产生白口及淬硬组织，适于薄壁铸件的焊补。

2．由于加热速度缓慢且加热时间长，同时也使焊接应力增大，故用气焊焊接刚性较大的铸铁件时，接头产生裂纹的倾向增大。所以，铸铁的气焊，在生产中一般只用于刚性较小的薄壁铸件，焊接时可以不预热。而对接头刚性较大的铸件，宜采用整体或局部预热的热焊法。有些刚性较大的铸件，可用“加热减应区”法，会收到较好的效果。一般铸铁气焊主要应用于小型铸铁件的焊补。

三、铸铁气焊的焊接材料

1. 灰铸铁焊接材料的选择

（1）焊丝

常用铸铁焊丝包括 RZC－1、RZC－2、RZCH 等型号，适用于焊接不同的铸铁，其中 RZCH 型号焊丝中含有少量 Ni、Mo（见表4—1），适用于高强灰铸铁及合金铸铁气焊。常用灰铸铁焊丝见表4—1。

表4—1　灰铸铁气焊焊丝的成分（GB/T 10044—2006）　%

型号	ω（C）	ω（Si）	ω（Mn）	ω（S）	ω（P）	ω（Ni）	ω（Mo）	用途
RZC－1	3.20～3.50	2.70～3.00	0.60～0.75	≤0.10	0.50～0.70	–	–	灰铸铁气焊热焊
RZC－2	3.50～4.50	3.00～3.80	0.30～0.80	≤0.10	≤0.50	–	–	灰铸铁一般气焊
RZCH	3.20～3.50	2.00～2.50	0.50～0.70	≤0.10	0.20～0.40	1.20～1.60	0.25～0.45	高强或合金铸铁气焊

（2）气焊熔剂型号采用 CJ201，成分见表4—2。

表4—2　铸铁气焊熔剂成分　%

序号	脱水硼砂（$Na_2B_4O_7$）	苏打（Na_2CO_3）	钾盐（K_2CO_3）
1	—	100	—
2	50	50	—
3	56	22	22

性能特点：熔点为650℃，呈碱性，能有效地去除铸铁在气焊时所产生的硅酸盐和氧化物，有加速金属熔化的功能。为防止气焊熔剂的潮解失效，应注意保持干燥，一般须密封保存。

2. 球墨铸铁焊接材料的选择

（1）气焊球墨铸铁一般要使用球铁焊丝，这种焊丝有很强的球化和石墨化能力，以保证焊缝获得球铁组织。由于钇基重稀土的沸点（3 038℃）比镁的沸点（1 070℃）高，不易烧损，在熔池中保留的时间长，故焊缝抗球化衰退能力强，可保证焊缝中的石墨球化。因此，钇基重稀土焊丝焊缝的球化能力比稀土镁球铁焊丝强。

（2）气焊熔剂可采用 CJ201 型，也可根据气焊剂的配方自制。

四、铸铁的气焊工艺及应用范围

选择合适的焊接参数，正确制定焊接工艺是保证焊接质量的重要因素。

1. 气焊焊接参数的选择

焊接参数是指焊接时为保证焊接质量而选定的各项参数的总称。气焊焊接参数包括焊丝的牌号和直径、气焊熔剂、火焰性质和能率、焊嘴倾角、焊接方向和焊接速度等。

（1）根据铸铁的材质选择火焰类别

气焊铸铁一般选用中性焰或弱碳化焰，不能采用氧化焰。因为氧化焰会使熔池中碳、硅等元素烧损增加，影响焊缝的石墨化过程。

（2）选择合适的火焰能率

气焊时，应根据铸件厚度合理选用焊炬及焊嘴，焊炬宜选用能率较大的大、中号焊炬，如H01－20射吸式焊炬。其火焰能率按铸件厚度确定，应使加热速度快，接头冷却速度慢，同时有利于消除焊缝中的气孔和夹杂，有利于消除白口组织。

（3）选择预热温度

根据铸件的大小、复杂程度等选择预热焊、不预热焊还是加热减应区法。预热焊时一般将工件整体或局部预热600～700℃。

2. 灰铸铁的气焊工艺

根据工件复杂程度和缺陷所在位置刚度大小，灰铸铁的气焊工艺可用预热焊法、不预热焊法和加热减应区法等。

（1）预热焊工艺及应用

预热焊法的主要目的是减小应力，防止裂纹，避免白口。但它存在与焊条电弧热焊法同样的缺点，因此只适用于结构比较复杂，焊后要求使用性能较高的一些重要薄壁铸件的焊补，如汽车、柴油机缸体、缸盖等的焊补。

1）预热焊的特点

①焊前需预热达600～700℃，生产率较低。

②焊接时，熔化的金属量多，冷却时速度又慢，因此要预先在焊接处制备模子，防止熔化金属溢流，故只适于平焊位置焊接。

③对于大焊件，预热困难，甚至不能采用预热焊。

④白口化不严重，焊后便于机械加工。

⑤焊缝的强度与基本金属相一致。

2）预热焊操作工艺。以灰铸铁柴油机缸体的修补为例说明该焊接方法的操作工艺。

问题提出：如图4—1所示，某厂双缸柴油机灰铸铁缸体因事故断为两截，四周断裂总长在1 m以上，需进行焊补。

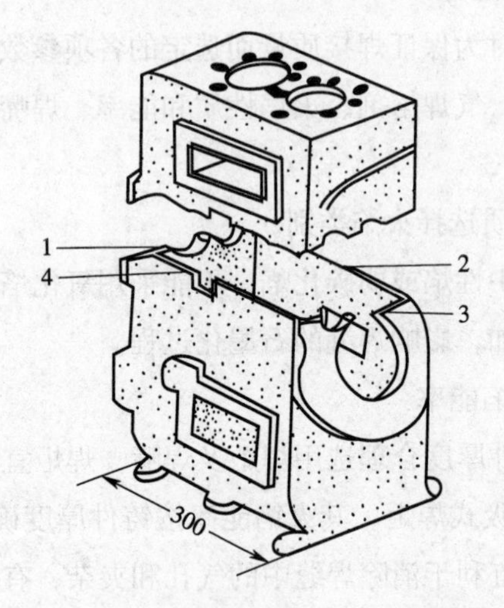

图4—1　柴油机缸体（1～4为裂纹部分）

操作准备：

焊接设备：氧气瓶、乙炔瓶、氧气减压器、乙炔减压器、焊炬、氧气胶管、乙炔胶管及辅助工具等。

清理及坡口制备：气焊前要对铸件进行清理，可先用气焊火焰加热断裂处，使油污燃烧，再用丙酮或汽油将修补处清洗直至露出金属光泽。修磨坡口一般用机械方法，可用角向磨光机修磨坡口，个别位置可用锉刀修磨坡口。坡口呈U形，避免修磨成形状突变的如V形坡口，再用钢丝刷把坡口表面清理干净。

选择焊丝和熔剂：根据铸铁类型和工件需要应选择RZC－1型焊丝和CJ201型气焊熔剂。

操作步骤：

步骤1：选择火焰类别和火焰能率。火焰一般应选用中性焰或弱碳化焰，不能用氧化焰。因为，氧化焰会使熔池中碳、硅等元素烧损增加，影响焊缝的石墨化过程。焊炬宜选用能率较大的大、中号焊炬，如H01－20射吸式焊炬。其火焰能率按铸件厚度确定，应使加热速度快，并使接头缓冷，同时有利于消除焊缝中的气孔和夹杂。

步骤2：预热。将工件整体或局部预热600～700℃。

步骤3：操作方法。首先将上下两半对好定位焊，然后在土炉中用木材加热到

600～700℃取出缸体，使用两把焊炬，焊接过程力求迅速，两名焊工同时施焊，将裂纹2、4处焊好，此时温度已到400℃以下。立即将缸体重新入炉升温到600～700℃，取出后再焊裂缝1、3。

为清除气孔和夹渣，当发现熔池中有气孔和白点夹渣时，可往熔池中加入少量气焊溶剂。

步骤4：焊后处理。焊后整形应在焊补终止时立即进行，可用圆头手锤锤击焊补表面。然后再加热到600～700℃并在炉中保温十几分钟，以消除焊接应力，防止产生裂纹。

注意：在操作过程中根据铸件的复杂程度和缺陷所在的位置，可采用局部或整体预热的方法。预热温度一般为600～700℃，焊接过程要迅速，当工件温度低于400℃时，应停止焊接，重新加热后再焊。焊后应缓冷。避免在有穿堂风的地方焊接。

(2) 不预热焊工艺及应用

当缺陷位置在铸件的边角处，焊接时该处可以自由地膨胀或收缩，可采用不预热的冷焊工艺。但该法由于焊补区加热到熔化状态时间较长，局部过热严重，热应力较大。当焊缝为铸铁型时，强度低、塑性几乎为零，易产生裂纹。适用于中、小型，且壁厚较均匀，结构应力较小的铸件，如铸件的边、角处缺陷、砂眼及不穿透气孔等的焊补。

不预热焊要掌握好焊接方向和焊接速度，焊接方向应由缺陷自由端向固定端进行。

不预热焊的特点：

1）工艺简单，劳动条件好。

2）焊前不预热，可降低生产成本。

3）焊件在冷状态下焊接，受热小，熔池小，所以焊接不受焊缝空间位置的限制。

4）接头的组织不均匀，白口较难避免，故机械加工困难。

4. 加热减应区法工艺及应用

通过焊前或焊后把被焊铸件的某一部位（即减应区），加热到一定的温度，从而达到减少或释放焊接区应力，以减少和防止焊接裂纹。该法在汽车、拖拉机发动机、减速机等修理方面得到广泛的应用，对于缺陷位置刚度较大的铸件焊补效果明显。

(1) 加热减应区法的特点

1）该法的适用场合及其部位的选择与工件形状特征有关。一般框架结构、带孔洞的箱体结构可以采用；而整体性较强、无孔洞的铸件不宜采用。

2）该法应用于减小焊接区横向应力，因此适用于短焊缝。对于长焊缝，须将裂缝附近局部加热。加热位置一般在裂纹的两端而不在两侧，顺裂纹方向或平行于裂纹方向，而不是垂直于裂纹方向。

（2）加热减应区操作工艺：以灰铸铁工件的焊补为例说明该操作方法的注意事项。

问题提出：如图4—2所示，工件由HT200灰铸铁铸造而成。其断裂处2处于拘束度较大的部位。若用一般气焊方法修复极易发生断裂。

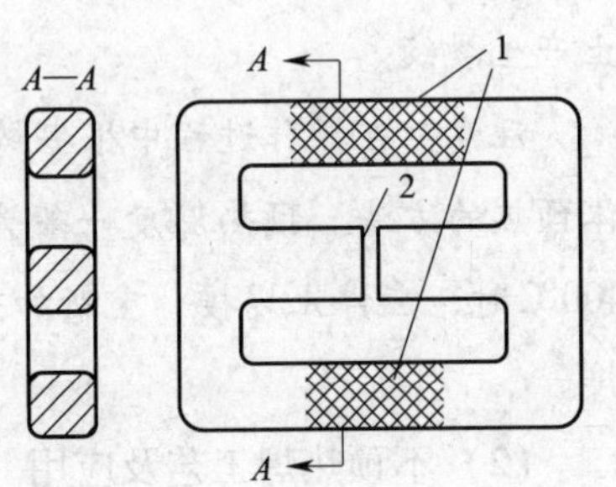

图4—2　加热减应法示意图
1—加热处　2—焊补处

操作准备：

焊接设备：氧气瓶、乙炔瓶、氧气减压器、乙炔减压器、焊炬、氧气胶管、乙炔胶管及辅助工具等。

制备坡口：检查缺陷并使用角向磨光机将裂纹处修磨成U形坡口，使用棉纱、钢丝刷把坡口表面油脂、锈蚀以及其他杂质清理干净。

选择焊丝和熔剂：根据铸铁类型和工件需要应选择RZC－1型焊丝和CJ201型气焊熔剂。

操作步骤：

步骤1：选择火焰类别和火焰能率。火焰一般应选用中性焰或弱碳化焰，焊炬宜选用能率较大的H01－20射吸式焊炬。其火焰能率按铸件厚度确定，应使加热速度快，并使接头缓冷，同时有利于消除焊缝中的气孔和夹杂，有利于消除白口组织。

步骤2：预热。首先选图中的阴影区作为加热减应区，先将减应区及焊口加热到650℃左右，接着对断裂处进行焊补，焊接时要保持预热温度400℃以上。焊接过程力求迅速，最好两个焊工同时连续施焊，一次不中断焊完。为清除气孔和夹渣，当发现熔池中有气孔和白点夹渣时，可往熔池中加入少量气焊溶剂。

步骤3：操作方法。在操作过程中，焰心端部距熔池表面8～10 mm，火焰始终盖住熔池，以加强保护；焊接速度在保证焊透和排除熔渣、气孔的情况下，越快越好；焊炬和焊丝应均匀而又互相协调地运动。焊炬的移动有三种基本手法：焊炬向前移动、沿焊缝作横向摆动和打圆圈摆动。三种手法依具体情况可交替使用。焊丝除向前移动和横向摆动外，主要是上下跳动。当发现熔池中有白亮的夹杂物时，应将焊丝端头粘上少量熔剂，搅动熔池使渣浮起，并用焊丝随时拨出。

步骤4：焊后处理。焊后整形应在焊补终止时立即进行，可用圆头手锤锤击焊补表面，然后保温缓冷，以消除焊接应力，防止产生裂纹。必要时再进行600～800℃去应力退火。

总之，在铸铁气焊修补操作中必须根据工件实际破坏程度确定合理的修补工艺。

举例说明修补工艺的合理制定。

问题提出：如图4—3所示，某拖拉机的发动机铸铁缸盖 *C* 处出现裂纹，需进行焊补。

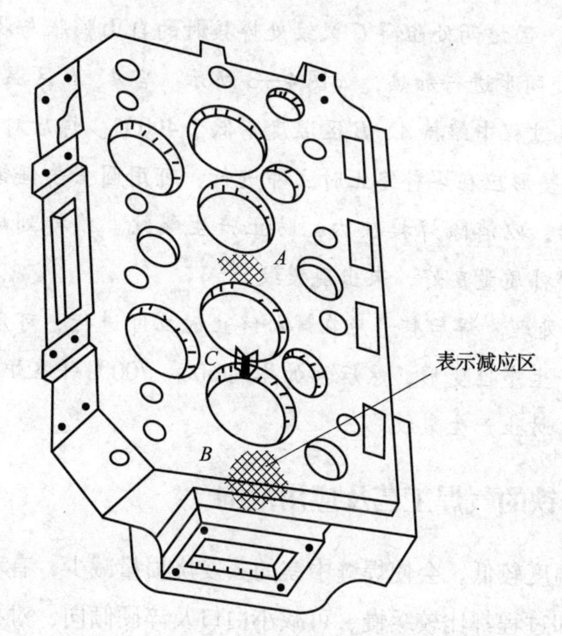

图4—3　拖拉机发动机铸铁缸盖裂纹焊补

操作准备：

焊接设备：氧气瓶、乙炔瓶、氧气减压器、乙炔减压器、焊炬、氧气胶管、乙炔胶管及辅助工具等。

清理及坡口制备：气焊前要对铸件进行清理，可先用气焊火焰加热断裂处，使油污燃烧，再用化学方法将修补处清洗至露出金属光泽，修磨坡口一般用机械方法，可用角向磨光机修磨坡口，个别位置可用锉刀修磨坡口。坡口呈U形，避免修磨成形状突变的V形坡口，再用钢丝刷把坡口表面清理干净。

选择焊丝和熔剂：焊丝用RZC－1型，气焊熔剂CJ201。

操作步骤：

步骤1：根据铸铁的材质选择火焰类别。火焰一般应选用中性焰或弱碳化焰。为防止熔池金属流失，在焊接中尽量保持水平位置。

步骤2：选择合适的火焰能率。气焊时，应根据铸件厚度适当选用较大号码的焊炬及焊嘴，焊炬宜选用功率较大的大、中号焊炬，如H01—20射吸式焊炬。其火焰功率按铸件厚度确定，应使加热速度快，并使接头缓冷，同时有利于消除焊缝中的气孔和夹杂。

步骤3：根据工艺文件选择预热温度。根据铸件的大小、复杂程度等选择热焊还是冷焊或加热减应区法。预热时一般将工件整体或局部预热600～700℃。

步骤4：铸铁裂纹的气焊焊补。采用简便的加热减应区气焊法修复。加热减应区选择*A*、*B*两处。因该两处阻碍*C*裂纹处焊接时的自由膨胀与收缩。使用三把焊炬对*A*、*B*、*C*三处同步进行加热，如图4—3所示。当*A*、*B*区温度至650℃，开始对*C*处焊接。焊接过程中维持*A*、*B*区温度不低于400℃。焊后对*A*、*B*二区加热升高至650℃，焊后整形应在焊补终止时立即进行，可用圆头手锤锤击焊补表面，使表面产生塑性变形，以消除焊接应力，防止产生裂纹。维持到焊缝温度达400℃时，停止加热，焊补质量良好，未出现裂纹。

步骤5：焊后处理。焊后整形应在焊补终止时立即进行，可用圆头手锤锤击焊补表面，使表面产生塑性变形，然后再加热到600～700℃并在炉中保温十几分钟，以消除焊接应力，防止产生裂纹。

五、球墨铸铁的气焊工艺及应用范围

气焊火焰的温度较低，会使焊缝中镁的蒸发烧损量减少，有利于石墨球化；同时由于加热和冷却过程都比较缓慢，可减小白口及淬硬倾向，对石墨化过程也较为有利，故气焊方法适用于球墨铸铁焊接。

在焊接过程中，为了保证焊缝中的石墨球化，在采用钇基重稀土球铁焊丝时，连续施焊的时间不宜过长，一般不应超过15～20 min。否则会因熔池存在时间过长，增大了球化元素的烧损，造成熔池中残留量不足而产生球化衰退。球化衰退，将使焊缝中石墨球化不良或者以片状形式析出，大大降低接头的力学性能。当采用稀土镁球铁焊丝时，因镁更容易烧损，故连续施焊时间应更短一些。

采用钇基重稀土焊丝焊接后，铸件焊后可加工，其焊态接头相当于QT600—3珠光体球墨铸铁的性能。焊后经退火处理，其接头的性能与QT450—10相接近，并且焊缝颜色与母材一致。球铁焊丝还可自制。

由于气焊加热速度慢，使焊接效率降低，并且焊接厚大件时需要预热，故球墨铸铁的气焊一般用于壁厚不大铸件的焊接。在生产中，常用于壁厚小于 50 mm，或者缺陷不大且接头质量要求较高的中小铸件的焊补。

技能要求

一、操作准备

1. 试件材质及尺寸

试件材质：HT250。

试件尺寸：$\delta = 20$ mm，坡口形式为 U 形，坡口深度约 10 mm，如图 4—4 所示。

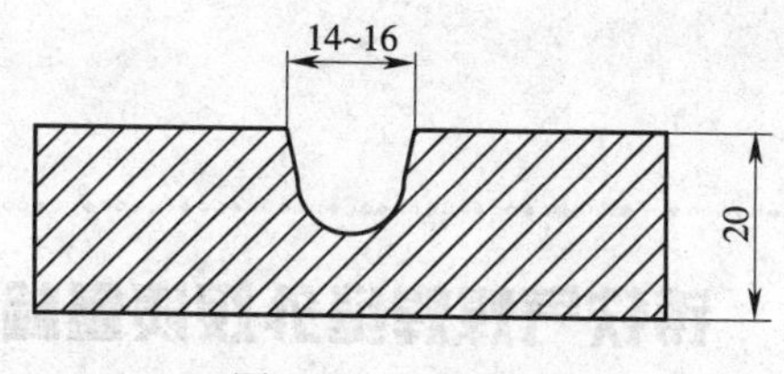

图 4—4 坡口形式

2. 焊接材料及设备

焊接材料：焊丝用 RZC－1 型，气焊熔剂 CJ201。

焊接设备及辅助工具：氧气瓶、乙炔瓶、氧气减压器、乙炔减压器、焊炬、氧气胶管、乙炔胶管及辅助工具等。

3. 焊接参数

（1）选用中性焰或弱碳化焰。保持水平位置施焊。

（2）气焊时，选用 H01－20 射吸式焊炬。

（3）整体或局部预热 600～700℃。

二、操作步骤

1. 试件打磨及清理

气焊前要对铸件进行清理，清除油污，修磨坡口一般用机械方法，可用角向磨光机修磨坡口，个别位置可用锉刀修磨坡口。坡口呈 U 形，避免修磨成形状突变的 V 形坡口，再用钢丝刷把坡口表面清理干净。

2. 焊补

填层焊接中注意控制温度，既不能太高，也不能完全冷却，温度不低于 400℃，当冷却后必须重新加热才能焊接，且注意在坡口边缘的停留以保证熔合良好，应注意尽量控制表面成形，避免产生表面缺陷，使表面成形过渡圆滑，避免产生形状突变的焊缝过渡形式。无论是填层还是盖面，每层焊后均应迅速锤击焊缝使之发生表面塑性变形，防止裂纹的产生和减小应力。

3. 焊后处理

焊后整形应在焊补终止时立即进行，可用圆头手锤锤击焊补表面，使表面产生塑性变形，以消除焊接应力，防止产生裂纹。

三、注意事项

1. 焊接过程中，始终保持试件温度不低于400℃，尽量一次焊完，如不得以中断时，要缓冷。重新焊接时，仍整体或局部预热600 ~ 700℃。

2. 焊后保温缓冷。

学习单元2 铸铁气焊焊缝外观质量检验

学习目标

- 掌握铸铁气焊焊缝质量检查的基本知识。
- 能根据工艺文件要求对铸铁气焊焊缝的外观质量进行自检。

知识要求

铸铁的焊接性能很差，如果焊接工艺不合理，结构易产生焊接变形，焊缝成形差，易产生气孔、裂纹、未熔合、未焊透、咬边等缺陷。

1. 焊接变形

产生原因：气焊时加热速度缓慢，火焰能率过大；焊接顺序不合理；装配质量差等。

防止措施：调整火焰能率；选择合理的焊接顺序；保证铸件定位牢固、准确。

2. 焊缝成形差、外形尺寸不符合要求

产生原因：焊炬移动速度不均匀，横向摆动不合理；焊丝填充时送丝不均匀；火焰能率过大或过小；焊丝和焊嘴的倾角配合不当等。

防止措施：提高操作技术水平，焊炬移动、横向摆动、焊丝填充速度要配合协调；焊丝和焊嘴配合适当；火焰能率调整好。

3. 气孔

产生原因：铸铁中碳、硫、磷等元素含量高；预热温度低；焊件表面油污、水等杂质清理不干净；焊接时火焰没有全部覆盖熔池；气焊熔剂使用不当；焊缝没有及时保温缓冷等。

防止措施：严格清理焊件表面杂质；提高预热温度；火焰内焰要始终覆盖熔池，对熔池加以良好的保护；合理使用气焊熔剂，防止氧化产生大量气体；焊后要及时采取保温缓冷的措施。

4. 裂纹

产生原因：铸铁中碳、硫、磷等元素含量高；预热温度太低；冷却速度快易产生白口组织；铸铁特别是灰铸铁强度低、塑性韧性极差；铸件刚度较大，焊接时产生的应力较大等。

防止措施：选择石墨化程度高的焊丝，严格清理杂质，适当提高预热温度，适当加大火焰能率，焊后及时进行保温缓冷。

5. 未熔合

产生原因：火焰能率过小；焊丝或焊炬火焰偏于坡口一侧，使母材或前一层焊缝金属未充分熔化就被填充金属覆盖；焊丝填充不到位；坡口制备不合理；坡口面及根部清理不干净等。

防止措施：适当加大火焰的能率，火焰在坡口两侧停顿时间要均匀适当，焊丝填充与火焰加热要配合好，坡口避免尖顶V形，坡口两侧及根部要认真清理。

6. 未焊透

产生原因：火焰能率过小，焊接速度过快，熔深浅，坡口根部未充分熔化；坡口钝边过大，角度太小，装配间隙太小；焊丝和火焰偏于坡口一侧；坡口两侧及根部未认真清理。

防止措施：适当加大火焰能率，焊接速度不要过快，要使坡口根部充分熔化；坡口钝边、角度、装配间隙适当加大；焊丝和火焰不能偏于坡口一侧；坡口两侧及根部要认真清理。

7. 咬边

产生原因：火焰能率过大；焊丝和焊炬角度不正确；焊丝填充不及时；操作不熟练等。

防止措施：调整火焰能率；调整焊丝和焊炬角度；焊丝填充与火焰加热配合好；提高操作水平等。

技能要求

根据工艺文件要求，利用焊接检验尺或放大镜对铸铁气焊焊缝外观质量进行检验，接头外观不得有气孔、夹渣、裂纹、未熔合、咬边等缺陷。

焊后可用锉刀及刮刀修正焊缝及热影响区，最好使焊缝表面与焊件表面平齐。一般不宜过多加固。

第2节　管径≤60 mm 低合金钢管对接45°固定气焊

学习单元1　小径低合金钢管对接45°固定气焊

学习目标

➢ 掌握小径低合金钢管对接45°固定气焊技术。

知识要求

低合金钢管的种类很多，其中低合金耐热钢管因为高温下具有足够强度和抗氧化性能，主要用于热电厂的锅炉及管道，在维修工作中，也常用气焊，故对焊接质量要求较高。

一、焊接工艺措施

1. 预热、保温

珠光体耐热钢焊后有较大的淬硬倾向，尤其在热影响区产生淬硬组织，在低温条件或结构刚性较大的条件下施焊时，易产生冷裂纹，故在焊前应适当预热。焊接过程一次完成，并在焊后适当保温，更忌在焊后有强烈的穿堂风，快速冷却而导致冷裂纹的出现。

2. 焊后热处理

气焊时，母材受热面积大，火焰加热时间长，导致热影响区宽，焊缝冷却时间长，焊缝晶粒粗大，导致焊接接头的综合力学性能下降，故一般焊后需进行热处理。

3. 限制乙炔气中的硫化氢、磷化氢的含量

乙炔中的硫化氢、磷化氢，焊接中会使焊缝金属中的硫、磷含量增高，促使热裂纹的产生，故应限制硫化氢、磷化氢含量，必要时可采用净化装置。

4. 焊接熔池保护

在气焊时，钢中的合金元素易因氧化烧损而生成难熔的氧化物，影响焊缝的熔合及产生夹渣。故在气焊时必须对熔池加强保护，采用中性焰焊接。

二、焊接操作要点

低合金耐热钢与低碳钢气焊工艺基本相同，但应注意以下几点：

1. 根据母材的化学成分及工作温度选择焊丝牌号，见表 4—3。

表 4—3　　低合金钢气焊焊丝选择

母材钢号	选择焊丝牌号
12CrMo	H08CrMo
15CrMo	H08CrMo、H13CrMo
12Cr1MoV	H08CrMoV
20CrMo	H08CrMoV
10CrMo9	H08Cr2Mo
12Cr2MoWVB	H08Cr2MoVNb
12Cr3MoVSiTiB	H08Cr2MoVNb

2. 根据管壁厚度，选择焊丝直径、焊炬型号和焊嘴号，见表 4—4。

表 4—4　　焊丝直径与焊炬的选择

管壁厚度 mm	焊丝直径 mm	焊炬型号—焊嘴号
≤3	2 ~ 3	H01 - 6 型 1 - 3 号
≤6	3 ~ 4	H01 - 6 型 3 - 5 号

3. 为防止合金元素烧损，应采用中性焰施焊。

4. 焊前预热 250 ~ 300℃

5. 尽量采用右向焊法施焊，更好地保护焊缝金属，使焊缝缓慢冷却，同时又可提高火焰热效率。

（1）为减少金属的过热和铬、钼元素的烧损，熔池金属应控制在较稠的状态，使其在液态时间尽可能短，同时焊接火焰要始终覆盖熔池。焊炬平稳前移，切不可一闪一动地跳动，添加焊丝要均匀。焊丝末端不要脱离熔池或火焰笼罩区，避免氧化，降低焊缝的力学性能。每层焊缝应一次完成，尽量减少接头数目。如必须停顿时，火焰应缓慢撤离熔池并填满熔池，以避免产生裂纹或气孔。恢复焊接时，焊接接头温度不应低于预热温度。

（2）焊接完毕后，为消除焊接应力和改善接头组织和性能，应将接头及时进行焊后热处理。若不能及时热处理，应采用保温措施（如用石棉绳捆扎）使接头缓冷，而后再进行热处理。

三、焊接操作方法

气焊的操作，习惯上是左手持填充焊丝，右手持焊炬，按焊丝和焊炬的移动方向（即焊接方向）可分为左焊法和右焊法两种。

1. 左焊法

如图 4—5 所示，焊丝和焊炬都是从焊缝的右端向左端移动，焊丝在焊炬的前方，火焰指向焊件金属的待焊部分，这种操作方法叫作左焊法。

此焊接方法的特点是火焰指向未焊部分，起到预热的作用。操作简单方便，易于掌握，左焊法是应用最普遍的气焊方法。缺点是焊缝易氧化、冷却速度快，适用于焊接较薄和熔点较低的工件。

2. 右焊法

如图 4—6 所示，右焊法是焊丝与焊炬从焊缝的左端向右端移动，火焰指向已焊好的焊缝，焊炬在焊丝前面。

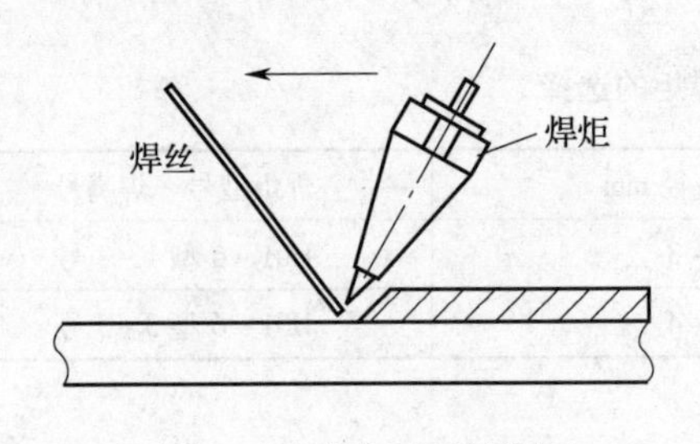

图 4—5　左焊法示意图

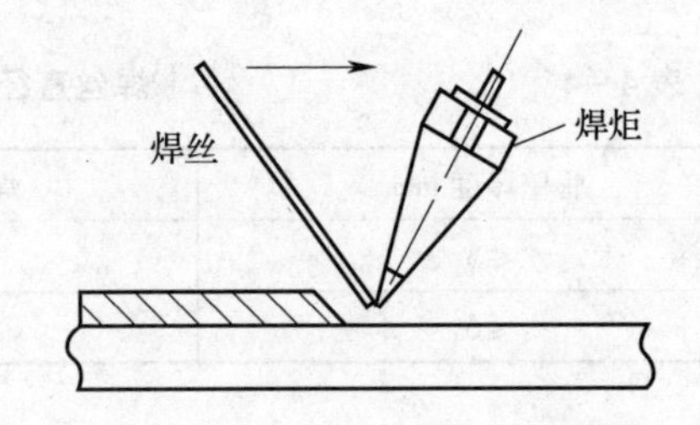

图 4—6　右焊法示意图

右焊法的特点是：在焊接过程中火焰始终笼罩着已焊的焊缝金属，使熔池冷却缓慢，有助于改善焊缝的金属组织，减少气孔、夹渣的产生。另外，这种焊法还有热量集中、熔透深度大等优点，所以适合焊接厚度较大、熔点较高的工件。

由于右焊法的焊接质量较左焊法好，故低合金钢一般用右焊法焊接。

技能要求

一、操作准备

1. 试件材质及尺寸

试件材质：12CrMo。

试件尺寸：$\phi57$ mm × 4 mm × 100 mm 两件。

坡口形式及尺寸：坡口形式为 V 形；坡口尺寸如图 4—7 所示。

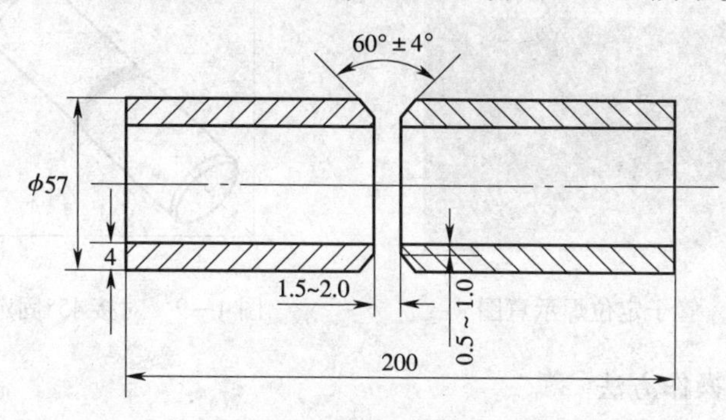

图 4—7　试件的坡口形式及尺寸

2. 焊接材料及设备

焊接材料：H08CrMo、$\phi2$。

焊接设备：氧气瓶、乙炔瓶、氧气减压器、乙炔减压器、焊炬、氧气胶管、乙炔胶管及辅助工具等。

3. 焊接参数

选用 H01 - 6 型焊炬，3 号焊嘴。火焰采用中性焰。对气体压力及火焰性质要求见表 4—5。

表 4—5　　**气体压力及火焰性质**

母材钢号	氧气压力	乙炔压力	火焰性质
12CrMo	0.3 MPa	0.03 MPa	中性焰

二、操作步骤

1. 试件打磨及清理

将管子坡口及其附近内、外表面 20 mm 范围内用锉刀或纱布打磨露出金属光泽。

2. 试件组对及定位焊

组对间隙：1.5～2 mm；定位焊点2点，定位焊缝长度为6～10 mm。定位焊的位置要均匀对称分布，焊接时的起焊点应在两个定位焊缝的中间，如图4—8所示。

3. 焊前预热

预热温度250～350℃，预热范围坡口两侧30～50 mm。

4. 焊接

焊缝分两层焊接，焊接位置如图4—9所示。

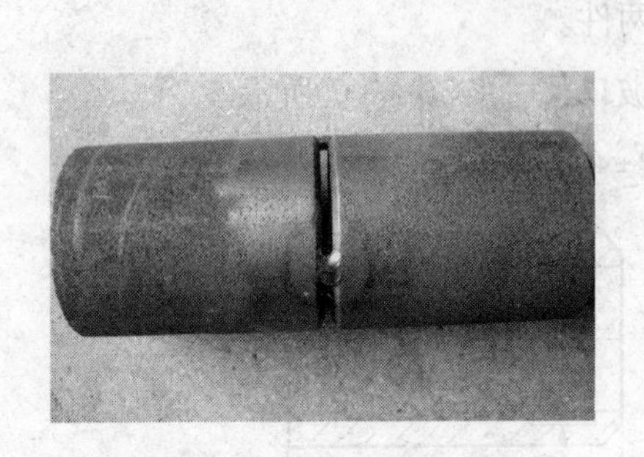

图4—8 管子定位焊示意图

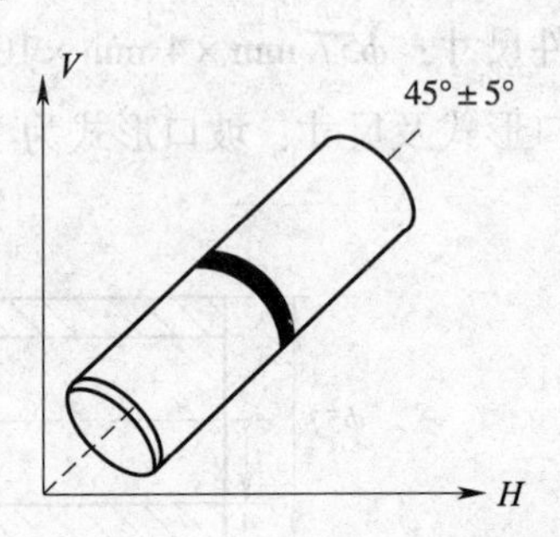

图4—9 对接45°固定示意图

（1）打底焊操作方法

右手持焊炬，左手拿焊丝，从6点预热至5点半处，焊炬与工件夹角≥90°，火焰指向未焊部位，焊丝与焊炬的夹角能保证焊工从焊丝与焊炬中间能清楚观察熔池即可，焊丝可弯成一定角度。火焰必须深入坡口，保证根部温度和形成火焰保护。

待形成第一个熔孔后，焊炬采用画圈的运动方式前行，保证坡口边缘熔合良好，始终保持焊炬与工件夹角≥90°，前半圈焊接沿5点半→6点→9点→12点半处结束。后半圈左手持焊炬右手持焊丝，从6点半处加热已焊部位使之重新熔化，不填充焊丝至接头处，形成熔孔后开始填充焊丝。操作要求与前半圈相同，至11点半处收尾，火焰应缓慢离开熔池，以免出现气孔等缺陷。一定注意在最低点和最高点起焊部位与收尾部位焊接接头的搭接，焊缝的终端应与始端重叠10 mm左右。焊接第一层的关键是保证焊透，不能出现过热或过烧。重叠位置要求如图4—10所示。

（2）盖面焊操作方法

焊炬角度与打底焊相同。焊接时，火焰功率应稍小些，这样可使得焊缝外观成形美观。为防止熔池金属下淌，焊炬应作斜向锯齿形摆动以使熔池尽可能处于水平状态。在焊接过程中焊丝始终处于熔池的上半部分，焊丝在前行过程中与焊炬不是同步摆动而是交叉摆动，即焊丝处于上边缘时焊炬指向下边缘，当焊丝移动至焊缝中心位置时焊炬运动至上边缘。利用火焰和焊丝的移动将下部的熔化金属带至上部，使其与坡口上边缘熔合良好，避免产生咬边现象，又避免熔池金属下淌，保证焊缝上半部分填满。焊缝的终端应与始端重叠 10 mm 左右。焊炬移动方式如图 4—11 所示。

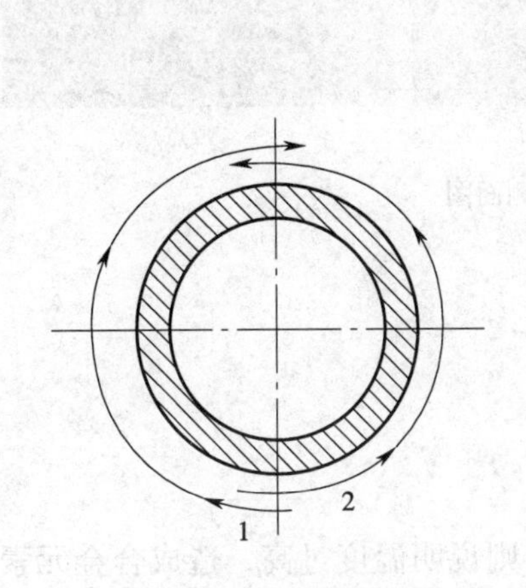

图 4—10　重叠位置

1—前半圈　2—后半圈

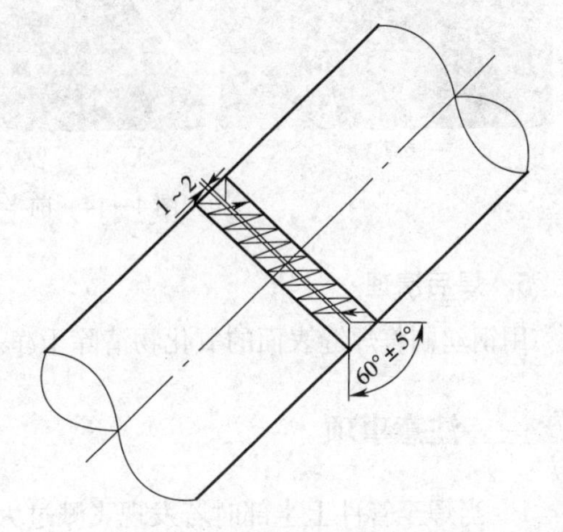

图 4—11　前半圈焊炬运动示意图

焊炬与焊丝、工件的角度（前半圈特殊位置角度）如图 4—12 所示。

焊炬与焊丝、工件的角度（后半圈特殊位置角度）如图 4—13 所示。

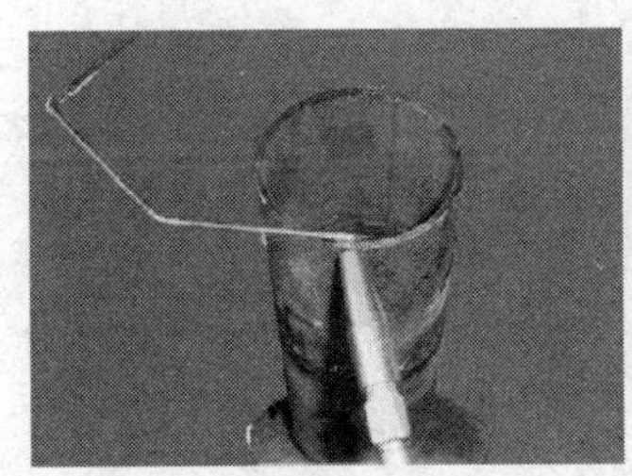

5点30分起焊

9点

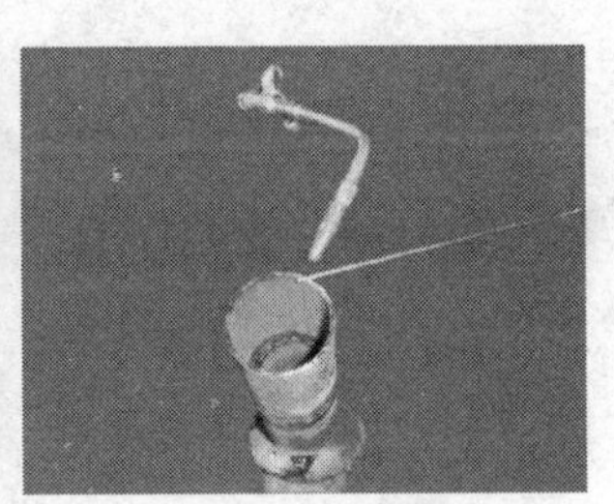

12点30分收尾

图 4—12　前半圈特殊位置角度

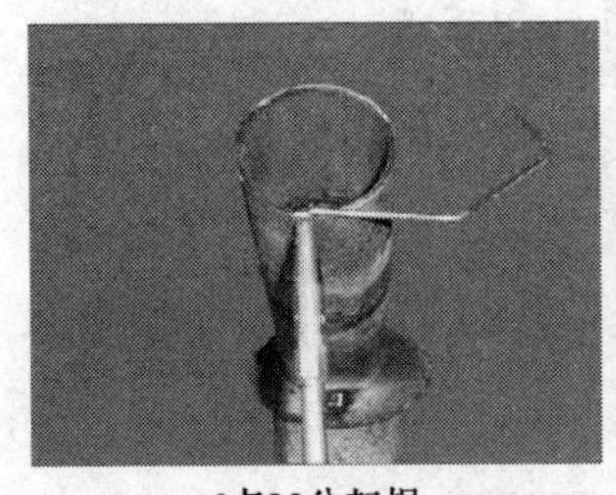

6点30分起焊

3点

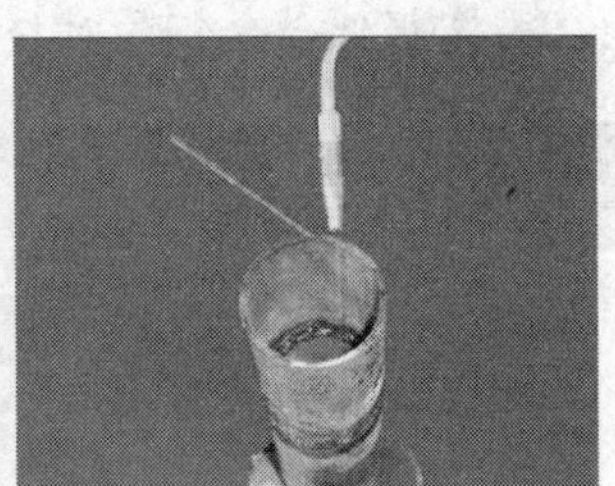

11点30分收尾

图 4—13　后半圈特殊位置角度

焊炬与焊丝、工件的角度（前半圈侧面图）如图4—14所示。

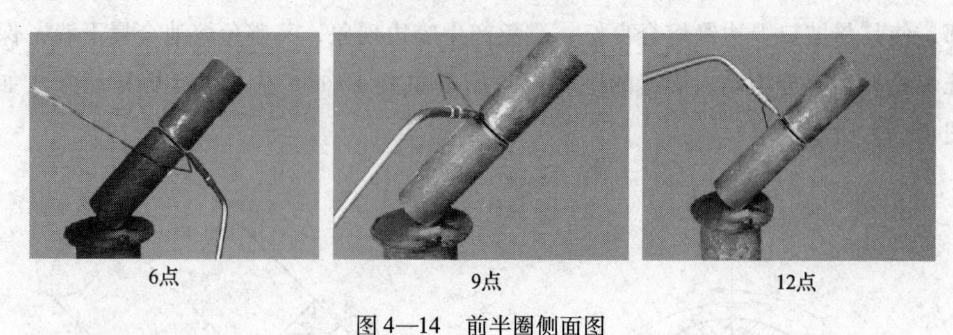

图4—14　前半圈侧面图

5．焊后清理

用钢丝刷将焊缝表面的氧化物清除干净。

三、注意事项

1．当焊至管件上半部时若发现飞溅过大，则说明温度过高，造成合金元素烧损，力学性能下降，此时必须提高焊接速度。

2．打底焊时，火焰必须深入根部，保证根部成形和对背部熔池形成保护。

3．尽量采用快速连续焊。

4．必须保持焊炬与工件的角度随焊接位置变化而变化。

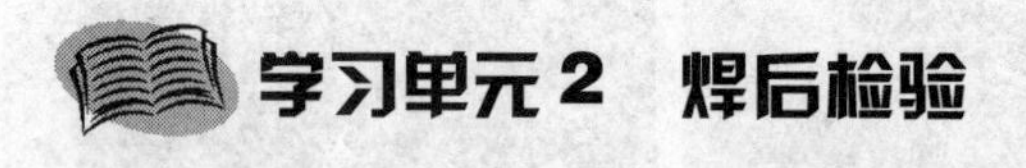

学习单元2　焊后检验

学习目标

➢ 掌握低合金钢管对接45°固定焊缝的外观检查项目和方法。

知识要求

一、常见气焊焊缝外观缺陷

常见的气焊焊缝外观缺陷主要包括焊缝成形不良和焊缝尺寸不符合要求，表面气孔、咬边、未焊透、烧穿、焊瘤等。

二、外部缺陷的产生原因

1. 焊缝成形不良和焊缝尺寸不符合要求

焊缝成形不良和焊缝尺寸不符合要求产生的原因主要有：接头边缘加工不整齐、坡口角度或装配间隙不均匀，焊接参数不正确，如火焰能率过大或过小、焊丝和焊嘴的倾角配合不当、焊接速度不均匀等，操作技术不当。

2. 表面气孔

气孔产生的原因：熔池周围的空气、火焰分解及燃烧的气体产物、焊件上的杂质受热分解后产生的气体通过溶解和化学反应进入熔池，在熔池结晶时，这些气体以气泡的形式向外逸出，在熔池凝固前来不及逸出，就会在焊缝中形成气孔。

3. 咬边

产生咬边的原因是：火焰能率过大、焊嘴倾角不正确，焊嘴与焊丝摆动不当等。在焊接过程中要使焊丝带住液态金属，而不使其下流，保证火焰对准焊缝中心，保持熔池不过大而且使焊丝的运动范围达到熔池的边缘，就可以有效地防止咬边。

4. 未焊透

产生未焊透的主要原因：焊件接头部位清理不干净，如油污、氧化物等；坡口角度过小、接头间隙太小或钝边过大；焊嘴号码过小，火焰能率太小或焊接速度过快，焊件的散热速度过快，使得熔池的存在时间短，导致填充金属与根部母材之间不能充分地熔合。

5. 烧穿

产生烧穿的主要原因是：间隙过大或钝边太小，火焰能率太大，焊接速度太慢，熔池的温度过高；焊接时应选择合理的坡口角度，间隙大小要适宜，火焰能率和焊接速度要掌握合适。

6. 焊瘤

产生焊瘤的原因：火焰能率太大；焊接速度太慢；焊件装配间隙过大；焊丝和焊嘴角度掌握不正确；打底焊时熔滴送进熔池时过渡过多。焊接操作一定掌握好方法和要领，防止焊瘤的产生。

7. 冷、热裂纹

（1）珠光体耐热钢均含有不同量的铬、钼、钨、钒和铌等合金元素，焊接时，如果冷却速度较快，火焰能率过小，在焊缝和热影响区极易产生淬硬组织，使焊接接头的脆性增加。在较大的焊接残余应力的作用下，就会产生冷裂纹。

（2）气焊时，由于火焰作用时间较长，焊炬加热面积大，焊缝冷却速度慢，极易导致焊缝和热影响区晶粒粗大，甚至出现网状组织，接头的力学性能差。当焊缝中存在较大的焊接残余应力时，容易产生冷裂纹。

（3）焊前未将焊丝、焊缝附近的油污、铁锈和水分等清除干净，容易导致焊缝中氢的含量增高从而产生冷裂纹。

（4）施焊时未采取合理的焊接顺序或焊后未进行热处理，焊接应力较大，也会产生冷裂纹。

（5）所使用的乙炔气中 H_3P、H_2S 含量较大时就会因焊缝中 P、S 含量的增高而产生热裂纹。

技能要求

一、操作步骤

外观检验一般采用比较简单的检验方法，以肉眼观察为主，必要时利用5～10倍低倍放大镜、焊缝检验尺、样板或通用量具等对焊缝外观尺寸和焊缝成形进行检查。

根据工艺文件要求，利用焊接检验尺等检验器具对低合金钢管的对接45°固定气焊接头外观质量进行检验。

二、注意事项

接头断口检验和弯曲检验不合格是气焊接头力学性能试验的主要问题。